EUL VERLAG

Reihe: Marketing · Band 55

Herausgegeben von Prof. Dr. Heribert Gierl, Augsburg, Prof. Dr. Roland Helm, Regensburg, Prof. Dr. Frank Huber, Mainz, und Prof. Dr. Henrik Sattler, Hamburg

Prof. Dr. Frank Huber
Dr. Frederik Meyer
Ute Stickdorn

Online-Avatare zur Steigerung der Markenloyalität

Eine empirische Analyse am Beispiel der Marke IKEA

EUL VERLAG

Bibliografische Information der Deutschen Nationalbibliothek

Die Deutsche Nationalbibliothek verzeichnet diese Publikation in der Deutschen Nationalbibliografie; detaillierte bibliografische Daten sind im Internet über <http://dnb.d-nb.de> abrufbar.

ISBN 978-3-8441-0114-0
1. Auflage Dezember 2011

JOSEF EUL VERLAG GmbH
Brandsberg 6
53797 Lohmar
Tel.: 0 22 05 / 90 10 6-6
Fax: 0 22 05 / 90 10 6-88
E-Mail: info@eul-verlag.de
http://www.eul-verlag.de

Bei der Herstellung unserer Bücher möchten wir die Umwelt schonen. Dieses Buch ist daher auf säurefreiem, 100% chlorfrei gebleichtem, alterungsbeständigem Papier nach DIN 6738 gedruckt.

Vorwort

Mit dem Internet hat sich aus Kundensicht mittlerweile ein Medium bewährt, das den Wettbewerb zwischen den Anbietern deutlich intensiviert, da der eine Anbieter einer Leistung vom anderen Hersteller meist nur noch einen Klick entfernt ist. Der Online-Kunde kann somit jederzeit von Anbieter zu Anbieter weitersurfen, wenn das ursprüngliche Angebot oder die Servicebedingungen einer Firma ihm nicht zusagen. Für Unternehmen, die ihre Leistungen im Web feilbieten, hat daher Kunden- bzw. Markenloyalität einen besonderen Stellenwert. Obwohl die Transparenz, der Leistungsvergleich und die Angebotsvielfalt mit Sicherheit zentrale Vorteile des Webs darstellen, bringt die mit ihm verbundene Informationsflut auch Nachteile mit sich. Zahlreiche Internetnutzer vermissen eine persönliche Beratung im Bereich des E-Commerce.

Um den Service zu verbessern und der Internetseite einen *human touch* zu geben, bietet sich der Einsatz von virtuellen Beratern, so genannten Avataren, im Bereich des E-Commerce an. Ob solche virtuellen Berater in der Lage sind das Markenvertrauen, die Markenbeziehungsqualität und die Markenloyalität, als zentrale Erfolgsgrößen im Rahmen der Markenführung, zu beeinflussen, ist die Frage, die es in dieser Untersuchung zu beantworten gilt. Im Mittelpunkt dieser empirischen Studie stehen daher Zusammenhänge zwischen der Einstellung des Rezipienten gegenüber dem Avatar und den Steuerungsgrößen des Markenmanagements.

Mit Hilfe eines Kausalmodells wird das empirisch Beziehungsgeflecht am Beispiel von Ikeas virtueller Beraterin namens Anna an der Realität überprüft. Aus den Erkenntnissen werden wertvolle Implikationen für die Unternehmenspraxis und die Marketingforschung abgeleitet.

Mainz, im Dezember 2011

Frank Huber
Frederik Meyer
Ute Stickdorn

Inhaltsverzeichnis

Abbildungsverzeichnis

Tabellenverzeichnis

Abkürzungsverzeichnis

AI	Artificial Intelligence
APA	Animated Padagogical Agents
Bspw.	Beispielsweise
Bzgl.	Bezüglich
Bzw.	Beziehungsweise
DEV	Durchschnittlich erklärte Varianz
D.h.	Das heißt
ECA	Embodied Conversational Agent
ECC	Electronic Customer Care
ELM	Elaboration Likelihood Modell
MBQDi	Markenbeziehungsqualität-Dimension
MCI	Mensch-Computer-Interaktion
PLS	Partial-Least-Squares-Pfadanalyse
VIF	Varianzinflationsfaktor
Z.B.	Zum Beispiel

1 Die Bedeutung von Avataren zur Stärkung der Markenloyalität im E-Commerce

In Zeiten zunehmender Marktsättigung und steigenden Wettbewerbs wird das Streben nach zufriedenen und loyalen Kunden für Unternehmen immer bedeutender. Die Loyalität der Konsumenten nimmt vor allem im Internet einen besonderen Stellenwert ein. So sind Akquisitionskosten im Internet um das 1,5 bis 2,5-fache höher als im herkömmlichen Handel.[1] Eine weitere Besonderheit des Internets in Bezug auf die Kunden- bzw. Markenloyalität stellt die deutliche Absenkung der Wechselbarrieren dar. Der Online-Kunde kann rund um die Uhr von Anbieter zu Anbieter weitersurfen. Der Vergleich von Preisen und Angeboten im Internet ist für den Kunden unkompliziert. Er kann mit einem Mausklick den Anbieter wechseln, wenn dieser nicht die gewünschten Anforderungen erfüllt.[2] Eine weitere Schwäche des Internets sind die fehlenden sozialen Kontakte zwischen Verkäufer und Käufer, die im stationären Handel eine Bindung begünstigen können. Rund 65% der Internetnutzer wünschen sich eine persönliche Beratung im Internet.[3]

Bisher wird die Beratung größtenteils durch Call-Center und E-Mailing abgedeckt. Sich ständig wiederholende Standardfragen ermüden die menschlichen Berater im Call-Center allerdings – und der Kunde spürt diese Ermüdung und die mangelnde Motivation der Berater.[4] Schon im Jahr 2001 prognostizierte die Unternehmensberatung Mummert & Partner Umsatzausfälle von rund einer Milliarde Euro aufgrund schlechten Service‘ von Unternehmen im Internet.[5] Um den Service zu verbessern und das Call-Center zu entlasten, bietet es sich an, einen virtuellen Berater (Avatar) auf der Webseite zu implementieren. Dieser Berater beantwortet Standardfragen stets freundlich und rund um die Uhr.[6] Die Firma novomind zeigte in einer Studie, dass 59,6% der befragten Internetnutzer sich vorstellen könnten, sich von einem virtuellen Berater helfen zu lassen und auf konventionelle Navigationselemente zu verzichten.[7] Der Einsatz eines Avatars im Internet kann dazu dienen, der Webseite einen *human touch* zu verleihen.[8] Außerdem bietet der Einsatz eines virtuellen Charakters Differenzie-

[1] Vgl. Kenny/Marshall (2000), S. 119.
[2] Vgl. Lihotzky (2003), S. 4.
[3] Vgl. Statistisches Bundesamt (2006), S. 35.
[4] Vgl. Samuelsen (2003), S. 29.
[5] Vgl. Mummert & Partner (2001), ohne Seite.
[6] Vgl. Samuelsen (2003), S. 29.
[7] Vgl. Novomind (2007), S. 22.
[8] Vgl. Samuelsen (2003), S. 28.

rungspotential gegenüber Konkurrenten. Marken und Unternehmen können somit an Image gewinnen.[9]

Trotz der Aktualität und den Chancen, die mit dem Einsatz von Avataren im E-Commerce verbunden sind, ist das Thema in der Literatur noch nicht ausreichend theoretisch und empirisch belegt. Vielmehr existieren zahlreiche unterschiedliche Definitionsversuche, die den Begriff des virtuellen Charakters fokussieren. So spricht man von Chatbots, ECAs, virtuellen Charakteren und Online-Assistenten. Hinter diesen verschiedenen Bezeichnungen verbergen sich unterschiedliche Entwicklungsstufen und Einsatzgebiete.[10] Des Weiteren konnten erst vereinzelte Erkenntnisse bzgl. des Einflusses solcher Charaktere auf das Konsumentenverhalten gesammelt werden. Die Erkenntnisse beziehen sich vermehrt auf Verhaltensdaten der Nutzer sowie auf erste soziale und emotionale Effekte des Avatars.[11] Forschergruppen beschäftigen sich in diesem Zusammenhang unter anderem mit der Wirkung von nonverbalem Verhalten virtueller Charaktere.[12] Des Weiteren wurden Untersuchungen durchgeführt, die die Wirkung des Erscheinungsbildes von Avataren untersuchen.[13] Studien, die einen Einfluss auf Konstrukte im Bereich des Markenmanagements zum Inhalt haben, liegen bis jetzt noch nicht vor. Daher interessieren in dieser Studie mögliche Wirkungen der Einstellung des Konsumenten gegenüber dem Avatar auf das Markenvertrauen, die Markenbeziehungsqualität und die Markenloyalität.

In Kapitel 2 werden zunächst die Grundlagen zur Mensch-Maschine-Interaktion vermittelt. Dabei steht die Erläuterung des Konzepts der Electronic Customer Care im Mittelpunkt, genauso wie die Klärung von Begrifflichkeit und der historischen Entwicklungen zu diesem Phänomen. Des Weiteren wird herausgestellt, was unter dem Einsatz von Avataren zu verstehen ist. Besondere Aufmerksamkeit gilt diesbezüglich den Potenzialen für die Unternehmenspraxis und Möglichkeiten zur Realisierung von Avataren sowie die Darstellung aktueller Forschungsergebnisse mit Bezug zur Fragestellung der vorliegenden Studie. In einem letzten Abschnitt von Kapitel 2 werden theoretische Erklärungsansätze für die Wirkung und die Wahrnehmung von Avataren bei Anwendern erörtert. Im Zentrum des dritten Kapitels steht

[9] Vgl. Bühler/Piesk (2002), S. 10.
[10] Vgl. Samuelsen (2003), S. 29.
[11] Vgl. z.B. Blens/Krämer/Bente (2003); Bauer/Neumann/Mäder (2005); Holzwarth/Janiszewski/Neumann (2006).
[12] Vgl. z.B. Cassell (2000).
[13] Vgl. z.B. Nass/Isbister/Lee (2000).

die Entwicklung eines Kausalmodells zur Erklärung des Einflusses von Avataren auf die Markenloyalität im E-Commerce. Kapitel 4 dient der empirischen Überprüfung des postulierten Modells an der Realität. Die gewonnenen Ergebnisse erfahren anschließend eine Interpretation, die wiederum die Basis für Handlungs- und Forschungsimplikationen darstellt. In Kapitel 5 erfolgt eine Schlussbetrachtung.

2 Konzeptionelle Grundlagen zu Avataren im E-Commerce

2.1 Grundlagen der Mensch-Maschine Interaktion

2.1.1 Electronic Customer Care

Unter elektronischem Handel bzw. E-Commerce wird „die Vermarktung und Distribution von Unternehmensleistungen mit Hilfe eines umfassenden Einsatzes neuer Informations- und Kommunikationstechnologien"[14] verstanden. Vereinfachend kann man E-Commerce als „alle Formen der elektronischen Geschäftsabwicklung über öffentliche oder private Computernetzwerke" [15] definieren. Der Business-to-Customer Bereich stellt dabei einen bedeutenden Teilmarkt des E-Commerce dar. Die Business-to-Customer Angebote konzentrieren sich auf den Verkauf von Anbieterleistungen (Produkte und Dienstleistungen) über elektronische Distributionskanäle an den Endkunden.[16] Neue und moderne Informationstechniken ermöglichen Dienste im Rahmen des elektronischen Handels, die sich in einem höheren Nutzen für den Kunden und in geringeren Kosten für den Anbieter widerspiegeln. Der Begriff des Electronic Customer Care (ECC) steht für diese Entwicklung und umfasst folglich den Einsatz der Informationstechnik in der Anbieter-Kunden-Beziehung.

Gründe für den Einsatz von Informationstechnik in der Anbieter-Kunden-Beziehung sieht *Muther* vor allem in neuen Marktbedingungen. Diese neuen Marktbedingungen sind durch eine zunehmende Konkurrenz der Wettbewerber, durch die zunehmende Globalisierung und durch den Wandel von Verkäufer- zu Käufermärkten geprägt. Angesichts dieser Veränderungen sind die Anbieter gezwungen, ihre Wettbewerbsposition zu stärken, sich von Konkurrenten zu differenzieren und dem Kunden neben den Kernleistungen einen Zusatznutzen zu bieten.[17] Fortschritte und Entwicklungen im Bereich der Informationstechnik stellen mögliche Werkzeuge dar, um die beschriebenen Herausforderungen zu bewältigen. Informationstechniken ermöglichen für alle Phasen der Kundenbeziehung neue Lösungsansätze. So können z.B. der Zugriff auf Informationen des Unternehmens erleichtert, zusätzliche Leistungen angeboten und dem Kunden die Möglichkeit zum Self-Service gegeben werden.[18] Zu den ECC Informationstechniken zählen sämtliche Techniken, die die Aufgaben in der Anbieter-Kunden-Beziehung unterstützen. Dazu zählen interne Systeme (z.B. Kundendatenbank), Systeme zur

[14] Kuß/Tomczak (2000), S. 155.
[15] Kuß/Tomczak (2000), S. 155 f.
[16] Vgl. Kuß/Tomczak (2000), S. 156 f.
[17] Vgl. Muther (2001), S. 11.
[18] Vgl. Muther (2001), S. 13.

Interaktion mit dem Kunden und Systeme für Geschäftskunden.[19] Werkzeuge und Softwarelösungen, die zur Kundenbearbeitung dienen (Angebotssysteme, Suchmaschinen), verfügen über eigene *Intelligenz*, verstehen Kundenanfragen und sind in der Lage Standardaufgaben für den Kunden zu erfüllen.[20] So können intelligente Robots wie *Chatterbots* mit Kunden reden, *Knowledge Bots* Informationen für den Kunden aufbereiten und *Shopping Bots* das gewünschte Produkt für den Kunden aus dem Sortiment heraussuchen.

Diese intelligenten Agenten haben positive Effekte auf den ECC, da sie die Prozessabwicklung mit dem Kunden erleichtern. Sie unterstützen auf der Seite des Kunden den Trend zum Self-Service und helfen dem Unternehmen, Personal (im Call-Center) einzusparen.[21] Geschäftliche Potenziale und Trends der Informationstechnik in der Anbieter-Kunden-Beziehung sind der 24-Stunden-Service, die Kundenselbstbedienung, die Abnehmerqualifikation (Self-Service) und die Individualisierung der Anbieter-Kunden-Beziehung (One-to-One-Marketing).[22] Der 24-Stunden-Service ermöglicht es dem Kunden, die Leistungen des Anbieters rund um die Uhr zu nutzen. So kann der Internetnutzer jederzeit auf Bestellmöglichkeiten, technischen Support, Produkt- und Preisinformationen zugreifen. Dadurch werden eine bessere Servicequalität und eine größere Flexibilität erreicht.[23] Im Bereich des Self-Service‘ werden vermehrt intelligente Agenten eingesetzt, die dem Kunden beim Suchen, Vergleichen oder Bestellen von Produkten helfen oder ihm weitere Informationen zu diesen Themen geben. Zudem ist die Individualisierung der Anbieter-Kunden-Beziehung zu nennen. Die Informationstechnik ermöglicht es Kundeninformationen zu sammeln und diese auszuwerten. Das System kann durch den Einsatz eines virtuellen Beraters zu Erkenntnissen, über die Vorlieben und Ängste des Kunden gelangen und so die Anbieterleistung daran anpassen. Somit können Kunden direkt angesprochen bzw. individuell betreut werden.

2.1.2 Begriffsnuancen und Definitionen zur Mensch-Maschine-Interaktion

Zur Bezeichnung von Mensch-Computer-Schnittstellen gibt es zahlreiche Begriffe, die den Anschein einer synonymen Verwendung wecken. Es finden sich neben Avatar auch Begriffe wie Chatbots, Chatterbots, soziale Agenten, Interface-Agenten, Conversational Agents.[24] Un-

[19] Vgl. Muther (2001), S. 24.
[20] Vgl. Muther (2001), S. 38.
[21] Vgl. Muther (2001), S. 39.
[22] Vgl. Muther (2001), S. 51.
[23] Vgl. Muther (2001), S. 52.
[24] Vgl. Krämer/Bente (2002), S. 205; Braun (2003), S. 21.

terschieden nach dem Hersteller werden sie auch Lingubots, IQ-Agents, virtuelle Unternehmensrepräsentanten oder imigos genannt.[25] Tatsächlich sind diese Begriffe jedoch keine Synonyme. So beschreibt der Begriff Agent im Allgemeinen eine Software, die zum Teil aus künstlicher Intelligenz besteht und die im Hintergrund Aufgaben für den Benutzer erledigt. Bots erleichtern z.B. den E-Mail Verkehr oder kontrollieren Chatrooms.[26] Die meistverwendete Definition aus dem englischen Sprachraum stammt von *Cassell*. Sie verwendet den Begriff *Embodied conversational agents* (ECA) und definiert diese als „computer-generated cartoon-like characters that demonstrate many of the same properties as humans in face-to-face conversation, including the ability to produce and respond to verbal and nonverbal conversation".[27] Der Begriff *Embodied conversational agent* umfasst die drei Elemente Dialogfähigkeit, Verkörperlichung und selbstständige Leistungserbringung in einer Software.[28]

Dennoch existiert bisher keine allgemeine und umfassende Definition eines intelligenten Agenten. Agenten sind interdisziplinär geprägt, d.h. es spiegeln sich die unterschiedlichsten wissenschaftlichen Forschungsrichtungen und Anforderungen der Praxis wider. *Brenner*, *Zarnekow* und *Wittig* schlagen vor, Agenten in drei Kategorien zu untergliedern: Menschliche Agenten, Hardware-Agenten und Software-Agenten. *Abbildung 1* soll diese Untergliederung verdeutlichen.

Menschlichen Agenten begegnet man z.B. in einem Reisebüro, sofern eine Reise gebucht werden soll. Der *travel agent* stellt die erforderlichen Unterlagen für den Kunden zusammen und plant die komplette Reise. Somit verringern sie den Aufwand für den Kunden und vereinfachen die Buchung einer Reise. Hardware- und Softwareagenten sollen stellvertretend für ihren Benutzer Aufgaben ausführen, weshalb der Agent über einen gewissen Grad an Intelligenz verfügen muss. Die Intelligenz des Agenten ermöglicht ihm eine autonome Arbeitsweise. Des Weiteren muss ein Agent mit seiner Umwelt agieren.[29]

[25] Vgl. Lindner (2003), S. 7.
[26] Vgl. Krämer/Bente (2002), S. 205.
[27] Cassell et al. (2000), Umschlagseite.
[28] Vgl. Lindner (2003), S. 6.
[29] Vgl. Brenner/Zarnekow/Wittig (1998), S. 22 f.

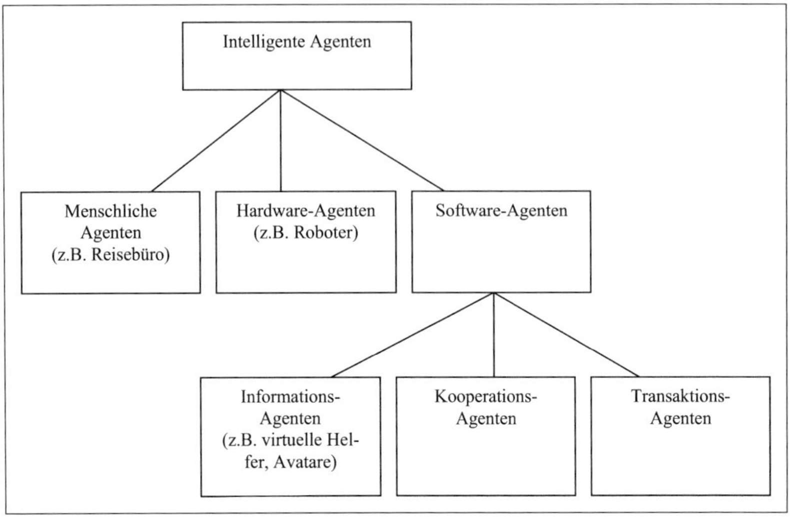

Abbildung 1: Kategorien intelligenter Agenten[30]

Brenner, *Zarnekow* und *Wittig* definieren daher den Softwareagenten als „ein Softwareprogramm, das für einen Benutzer bestimmte Aufgaben erledigen kann und dabei einen Grad an Intelligenz besitzt, der es befähigt, seine Aufgaben in Teilen autonom durchzuführen und mit seiner Umwelt auf sinnvolle Weise zu interagieren".[31] Von besonderem Interesse für diese Untersuchung sind die Informationsagenten. Diese helfen dem Benutzer bei der Suche nach Informationen. Der Agent muss die Informationsquellen aufspüren und die gesammelten Informationen für den Benutzer aufbereiten und präsentieren.[32] Das Wissen, das solche Informationsagenten für die Kommunikation mit dem Internetnutzer benötigen, muss durch Wissensingenieure von Hand eingegeben und modelliert werden. Diese Wissensbasis (Knowledge-Datenbank) dient dem Agenten dazu, Übereinstimmungen zwischen gestellten Fragen, mit dem vorhandenen vom Wissensingenieur erstellten Fragebestand zu finden und die gestellte Frage zu beantworten.[33]

[30] Quelle: eigene Darstellung in Anlehnung an Brenner/Zarnekow/Wittig (1998), S. 21.
[31] Brenner/Zarnekow/Wittig (1998), S. 22.
[32] Vgl. Brenner/Zarnekow/Wittig (1998), S. 23.
[33] Vgl. Braun (2003), S. 21.

Diese Informationsagenten können nur im Hintergrund agieren, jedoch ist auch ein für den Benutzer sichtbares Erscheinungsbild denkbar.[34] So kann die Präsentation und Visualisierung der Ergebnisse des Informationsagenten mittels eines so genannten Avatars durchgeführt werden. Der Begriff Avatar entstammt ursprünglich der indischen Mythologie und bezeichnet dort die körperliche Repräsentation eines Gottes auf Erden. Im Zusammenhang mit Computern stellen Avatare neuartige Identitäten oder Spielfiguren dar, die ein Individuum im Cyberspace verkörpern. Der Begriff wurde Anfang 1980 in den Computerbereich übertragen, als Programmierer des US-Militärs ihn für virtuelle Stellvertreter in ihren Simulationsspielen verwendeten.[35]

Durch die Entstehung von Chatrooms und Multi User Dungeons übertrug sich die Bezeichnung Avatar auf die graphische Repräsentation eines Internetnutzers. Der persönliche Spielcharakter erhielt so einen Körper und ein Gesicht. Durch die technische Weiterentwicklung interaktiver Medien entwickelten sich neue Formen von Avataren. Die neue Art der Avatare ist nicht mehr abhängig von der Steuerung durch einen Menschen, sondern kann dank künstlicher Intelligenz selbstständig mit den Internetnutzern interagieren.[36] Oftmals arbeiten solche Avatare als Helfer, indem sie z.B. Internetnutzern bei der Navigation behilflich sind oder Kunden bei der Produktauswahl unterstützen. Es existieren Versuche, Avatare als Stars oder Marken ins Leben zu rufen. Als Beispiel dafür kann Lara Croft genannt werden, die den Sprung in andere Medienumfelder geschafft hat. Sie trat in Musikvideos auf und spielte in einem Kinofilm mit.[37] Avatare sind bei der Repräsentation von Unternehmen und Institutionen im Internet nützlich. Sie sollen helfen, die Kundenansprache zu optimieren und die Bindung zum entsprechenden Unternehmen oder zu einer Marke zu stärken.[38] Es bleibt zu definieren, was ein Avatar im Marketingkontext ist. Avatare sollen für diese Untersuchung als *„figurative, meist anthropomorphe Darstellungen, welche in interaktiven Medien zur Repräsentation von Anbietern eingesetzt werden und denen ein Agentensystem zur Erweiterung ihrer Funktionalität angeschlossen ist*",[39] definiert werden. Diese Definition orientiert sich an *Dörings* Begriffsverständnis, die Avatare als „Stellvertreter, virtuelle Repräsentanten der ma-

[34] Vgl. Braun (2003), S. 19.
[35] Vgl. Schmidt (1998), ohne Seite.
[36] Vgl. Lombard/Ditton (1997), ohne Seite.
[37] Vgl. Hartmann/Klimmt/Vorderer (2001), S. 350 f.
[38] Vgl. Bath (2001), S. 82.
[39] Bauer/Neumann/Mäder (2005), S. 99, Hervorhebungen wie im Original.

teriegebunden Wesen, die sie ins Leben gerufen haben“, [40] erklärt. Bei der für diese Untersuchung maßgeblichen Definition, wurde auf eine Beschränkung auf Einzelpersonen und bestimme Einsatzsituationen verzichtet. Die Wahl des äußeren Erscheinungsbildes bzw. die graphische Gestaltung des Avatars kann frei und ohne Vorgaben erfolgen. Avatare können folglich beliebige visuelle Repräsentationen annehmen (menschenähnlich, real, fiktiv, durch eine Comic-Figur, ein Tier oder auch eine Pflanze). Des Weiteren können die Figuren in ihrer graphischen Oberfläche fixiert sein oder je nach Kommunikationssituation ihre Mimik und Gestik verändern.[41]

2.1.3 Geschichte der Mensch-Computer Interaktion

Im Zentrum der Mensch-Computer Interaktion (MCI)[42] steht die Entwicklung von Schnittstellen zum Informationsaustausch zwischen dem menschlichen Benutzer und der technischen Komponente, dem Computer. Die Erforschung des Informationsaustauschs zwischen Mensch und Computer ist durch die interdisziplinäre Zusammenarbeit geprägt.[43] Bemühungen die Interaktion zwischen Mensch und Computer zu vereinfachen, bestanden seit Beginn der Verfügbarkeit von Großrechnern. Da sich die Maschinensprache grundlegend von dem Kommunikationssystem des Menschen unterscheidet, war eine Vereinfachung der Interaktion notwendig.[44] Mit der Verbreitung des Computers, besonders in den privaten Bereich, wuchs die Forderung nach einer einfacheren Bedienoberfläche (Interfaces).[45] Ein bedeutender Schritt in diese Richtung wurde Mitte der 1970er Jahre mit dem Übergang zu einer graphischen Benutzeroberfläche gemacht. Diese im Xerox Palo Alto Research Center entworfene Neuentwicklung ermöglichte einen Übergang auf die Befehlseingabe von Symbolen mit Hilfe von Instrumenten wie einer Maus, anstatt wie bisher von rein textbasierten Befehlseingaben.[46] Durch die graphische Bedienoberfläche vereinfachte sich die Anwendung des Computers für den Menschen dramatisch.

Computer haben die Grenzen zwischen Artefakten und intelligenten Lebewesen verringert. *Turkle* zeigt, dass Kinder Computern sowohl Reaktivität, eigene Gedanken und Ideen als auch

[40] Döring (1999), S. 98.
[41] Vgl. Bauer/Neumann/Mäder (2005), S. 99.
[42] Oder auch Human-Computer Interaction (HCI).
[43] Vgl. Krämer (2004), S. 644.
[44] Vgl. Krämer (2004), S. 645 f.
[45] Vgl. Krämer (2004), S. 646.
[46] Vgl. Myers (1998), S. 47.

ein eigenes Wesen zuschreiben.[47] *Nass* und *Moon* stellten zudem fest, dass auch Erwachsene einen Computer als soziales Wesen wahrnehmen können.[48] *Suchmann* sieht die reaktiven und sprachlichen Fähigkeiten, im Vergleich zu den rein physischen und mechanischen Operationen sowie die Undurchsichtigkeit von Computersystemen, als Ursache für das Empfinden interaktiven Verhaltens und für die Wahrnehmung des Computers als soziales Objekt.[49] Maschinen wurden ursprünglich ausschließlich einseitig genutzt; mit dem Computer existieren nun erstmals Geräte, die eine Interaktion möglich machen[50] – ein Vorgang, der im soziologischen Zusammenhang dem Menschen vorbehalten war.[51] Das Forschungsgebiet der MCI entstand aus der Notwendigkeit der Gestaltung dieser Interaktion.[52] Die Entstehung von interaktiven Mensch-Computer-Schnittstellen wird als ein Ansatz gesehen, der zur Verbesserung der Mensch-Maschine-Kommunikation dienen soll.[53] Daher wird im Folgenden die Entwicklung dieser interaktiven Mensch-Computer-Schnittstellen beschrieben.

Das Fachgebiet der künstlichen Intelligenz, Artificial Intelligence (AI), hat seinen Ursprung in der Mitte der 1950er Jahre.[54] Die AI untersucht Ideen, die ein intelligentes Verhalten des Computers möglich machen.[55] Intelligente Mensch-Computer-Schnittstellen können als ein Teilgebiet der AI angesehen werden. *Turkle* definiert sie als "kleine Programme, die auf künstlicher Intelligenz basieren".[56] In der Forschung ist nicht eindeutig geklärt, was unter Intelligenz zu verstehen ist. Des Weiteren besteht unter den Forschern Uneinigkeit darüber, ob Computern Intelligenz zugerechnet werden kann oder nicht.[57] Einen großen Beitrag zur Definition der Intelligenz von Computern leistete der Turing-Test.[58] Dieser bescheinigt einer Maschine Intelligenz, wenn ein durchschnittlicher Interviewer, sowohl Fragen an einen für ihn nicht sichtbaren Menschen, als auch an eine Maschine richtet, und anhand der Antwort nicht zwischen den beiden unterscheiden kann.[59] In diesem Zusammenhang ist seit 1990 der

[47] Turkle (1998), S. 123 ff.
[48] Vgl. Nass/Moon (2000), S. 81.
[49] Vgl. Suchmann (1987), S. 7, 11.
[50] Vgl. Suchmann (1987), S. 1.
[51] Vgl. Suchmann (1987), S. 6.
[52] Vgl. Braun (2003), S. 25.
[53] Vgl. Braun (2003), S. 24.
[54] Vgl. Braun (2003), S. 26.
[55] Vgl. Brenner/Zarnekow/Wittig (1998), S. 40.
[56] Turkle (1998), S. 15.
[57] Vgl. Braun (2003), S. 22.
[58] Vgl. Turing (1950), ohne Seite.
[59] Vgl. Turkle (1998), S. 133.

Loebner Preis ausgeschrieben. Dieser Preis soll an ein Programm verliehen werden, welches als erstes den Turing-Test besteht. Der Preis ist mit 100.000 $ und einer Goldmedaille dotiert. Bis heute konnte kein Programm den Turing Test bestehen. Der Loebner Preis wird jedoch jedes Jahr an das menschenähnlichste Programm verliehen.[60] Dieser ist mit 3000 $ und einer Bronzemedaille dotiert.[61] Der Loebner Preis 2007 ging an den Chatbot *Hal*.[62] Viele der heutigen Chatbots ähneln dem ersten entwickelten Chatbot. Bereits im Jahr 1966 konnte *Weizenbaum* die erste Mensch-Computer-Schnittstelle *ELIZA* entwickeln, die ein menschliches Wesen vortäuschen konnte. Mit einem einfachen an Rogerianische Psychoanalyse anlehnenden Mechanismus der Umformulierung von Benutzeraussagen in Fragen, konnte *ELIZA* stundenlang mit Benutzern kommunizieren und oftmals glaubwürdig einen menschlichen Psychoanalytiker vortäuschen.[63]

Mensch-Maschine-Schnittstellen tauchten im Zusammenhang mit dem Internet Anfang der 1990er Jahre mit der Entstehung von Multi User Domains auf, wo sie den Internetnutzern zur bloßen Unterhaltung dienten.[64] Außerdem stellten Avatare zunächst Selbstpräsentationen der Nutzer in Chaträumen, Online-Spielen oder auch in Virtual-Reality Umgebungen dar. Heutzutage dienen Avatare nicht mehr nur der Selbstpräsentation, vielmehr versteht man unter diesem Begriff Ikonen wie z.B. Lara Croft, Figuren in Computerspielen wie die Sims, Hilfs- und Lernprogramme wie Karl Klammer (Büroklammer) oder auch virtuelle Berater, Repräsentanten des Unternehmens im Internet, wie z.B. Anna, die virtuelle Beraterin auf der Webseite von Ikea.[65] Aber nicht nur im Bereich des E-Commerce trifft man auf Avatare. Viele Webseiten des Bundes verfügen über einen virtuellen Berater. So findet man auf den Seiten des Bundesministeriums für Gesundheit,[66] des Bundesministeriums für Verteidigung[67] und auf der Webseite des Bundesministeriums für Wirtschaft- und Technologie[68] Avatare, die den Internetnutzer beraten und ihm seine Fragen beantworten sollen. So beantwortet Luca, der Avatar des Bundesministeriums für Wirtschaft- und Technologie, Anfragen junger Leute rund um das Thema Ausbildungsberufe. Des Weiteren werden Avatare verstärkt zu nicht kommer-

[60] Vgl. Shieber (1993), ohne Seite.
[61] Vgl. http://www.loebner.net/Prizef/loebner-prize.html, letzter Abruf: 30.5.2008.
[62] Vgl. http://zabaware.com/loebner.html, letzter Abruf: 30.5.2008.
[63] Vgl. Weizenbaum (1994), S. 14 ff.
[64] Vgl. Braun (2003), S. 27.
[65] Vgl. Bath (2001), S. 82.
[66] Vgl. http://www.die-gesundheitsreform.de/index.html, letzter Abruf: 30.5.2008.
[67] Vgl. http://mil.bundeswehr-karriere.de/, letzter Abruf: 30.5.2008.
[68] Vgl. http://www.bmwi.de/BMWi/Navigation/ausbildung-und-beruf.html, letzter Abruf: 30.5.2008.

ziellen Informationszwecken eingesetzt. So berät Stella[69] Studenten der Hamburger Staats- und Universitätsbibliothek, Ina[70] informiert Bücherinteressierte der Hamburger Bücherhallen. Vor allem im Bereich des Electronic Customer Care bietet sich der Einsatz von Avataren an.

Im nächsten Kapitel werden zunächst allgemeine Potenziale des Einsatzes von virtuellen Beratern aufgezeigt. Im Anschluss daran sollen im Speziellen die Möglichkeiten und Grenzen des Einsatzes solcher Berater in den verschiedenen Phasen der Kundenbeziehung eine Erörterung erfahren.

2.2 Hintergründe zum Einsatz von Avataren

2.2.1 Potenziale und Grenzen des Einsatzes von Avataren im E-Commerce

Schon im Jahr 2001 machte die Unternehmensberatung Mummert & Partner die Voraussage, dass es durch den schlechten Service beim Online-Shopping zu Umsatzausfällen in Höhe von rund einer Milliarde Euro kommt. In der Implementierung eines virtuellen Assistenten, der den Kunden durch den Shop begleitet und ihn berät, sahen sie die Lösung dieses Problems. Eine derartige, verbesserte Kundenbetreuung würde fast ein Zehntel aller Abbrüche von Online-Einkäufen verhindern und wird von rund 40% der deutschen Internetnutzer gewünscht.[71] Einer der wichtigsten Gründe sich gegen einen Einkauf in einem Online-Shop zu entscheiden, stellt das Fehlen einer Beratung dar. Rund 65% der Internetnutzer wünschen sich eine persönliche Beratung während des Einkaufs. Die persönliche Beratung ist Nutzern dabei sogar wichtiger als Sicherheit und Datenschutz.[72] Rund 64% der deutschen Bevölkerung nutzten im Jahr 2007 das Internet, was einer Zahl von 41,32 Millionen Menschen entspricht.[73] In den vergangenen zwölf Monaten haben 87,4% der Internetnutzer, d.h. 35,18 Millionen Menschen, Produkte online gekauft.[74] Die Mehrheit der Internetnutzer gehörte der Altersgruppe von 14 bis 49 Jahren an. Des Weiteren hat ein Großteil der Nutzer ein hohes Bildungsniveau. 28,9% der Nutzer absolvierten die Hochschulreife oder hatten einen Universitätsabschluss.[75]

[69] Vgl. http://www.sub.uni-hamburg.de/, letzter Abruf: 30.5.2008.
[70] Vgl. http://www.buecherhallen.de/aw/~a/home/, letzter Abruf: 30.5.2008.
[71] Vgl. Mummert & Partner (2001), ohne Seite.
[72] Vgl. Statistisches Bundesamt (2006), S. 35.
[73] Vgl. AGOF (2008), S. 5.
[74] Vgl. AGOF (2008), S. 28.
[75] Vgl. AGOF (2008), S. 7.

Diese Zahlen verdeutlichen, in welchen Bereichen die Online-Nutzerzahl und somit das Marktpotenzial im elektronischen Handel noch gesteigert bzw. vergrößert werden kann. Vor allem die Anzahl der *Silver Surfer* hat sich in den letzten Jahren deutlich erhöht. So sind schon rund 60% der 50 bis 59 jährigen im Internet vertreten. Auch der Anteil von weitaus älteren Nutzern steigt.[76] Auch die Gruppe von Personen mit niedrigen Bildungsabschlüssen bietet Potenziale. Es lässt sich vermuten, dass das fehlende Wissen bzw. die mangelnde Internet-Erfahrung für beide Gruppen noch eine Hürde darstellt.[77] Trotz verbesserter Bedienerfreundlichkeit von Internetseiten müssen die Nutzer immer noch über gewisse Fähigkeiten für die Nutzung des Internets verfügen.[78] Ein einfaches Beispiel mag diesen Sachverhalt verdeutlichen. Die Anschrift eines Unternehmens kann z.B. unter *Kontakt*, *Über uns*, *Unternehmen* oder auch im *Impressum* der Internetseite zu finden sein. Virtuelle Helfer eignen sich besonders, um Schwierigkeiten wie das Finden von Informationen zu verringern. Durch eine Kommunikation mit einem Avatar in der Alltagssprache wird die Barriere zur Nutzung einer Webseite weiter vereinfacht, da der Avatar auch umgangssprachliche Wörter und nicht nur vollständige Sätze versteht. Ein weiterer positiver Effekt ist die Personifizierung durch den Avatar. Der Avatar macht die entsprechende Internetseite weniger anonym, reduziert die Scheu vor der Technik und macht neugierig. Es entsteht folglich ein Anreiz die Technik auszuprobieren. Virtuelle Helfer können innerhalb einer Internetseite verschiedene Unterseiten automatisch für den Benutzer öffnen, so dass der Benutzer schneller und einfacher seine gewünschten Informationen erhält.[79] Aufgrund dieser Form der Navigation wird die Nutzung einer Webseite deutlich erleichtert und ermöglicht somit ein größeres Marktpotenzial.

Die verschiedenen Möglichkeiten des Einsatzes von Avataren im E-Commerce können im Zusammenhang mit den verschiedenen Phasen der Kundenbeziehung betrachtet werden. Bevor die einzelnen Phasen eine Erörterung erfahren, soll ein Überblick allgemeiner Potenziale gegeben werden, die sich auf alle Phasen der Kundenbeziehung beziehen.

Durch den Wandel vom Verkäufer- zum Käufermarkt und die zunehmende Austauschbarkeit der Produkte von Unternehmen wird die Zufriedenheit der Konsumenten immer bedeuten-

[76] Vgl. AGOF (2008), S. 10.
[77] Vgl. Statistisches Bundesamt (2006), S. 36.
[78] Vgl. Braun (2003), S. 33 f.
[79] Vgl. Braun (2003), S. 35.

der.[80] Ein hoher Zufriedenheitsgrad muss mit den resultierenden Kosten vereinbar sein. Kundenbetreuung ist notwendig um Kundenloyalität zu schaffen, allerdings ist Customer Support sehr teuer für Unternehmen. Die Kosten eines Anrufes im Call-Center betragen durchschnittlich rund 30 Euro. Durch den Einsatz eines virtuellen Helfers können diese Kosten gesenkt werden. Rund 50-60% der Kundenanfragen sind Standardanfragen. Eine Beantwortung kann demzufolge ohne qualitative Verluste ebenso durch die *knowledgebase* (Wissensbasis) des Avatars geleistet werden.[81] Virtuelle Helfer sind zudem 24 Stunden am Tag verfügbar und bieten dem Kunden eine individuelle Beratung. Gleichzeitig behandeln sie den Kunden immer gleich bleibend freundlich und zuvorkommend. Der Avatar entlastet den menschlichen Agenten und nimmt diesem die Warming-up-Phase, die erste Kundenberatung und das erste Verkaufsgespräch, ab. Sollte der Avatar nicht behilflich sein können, besteht die Möglichkeit, den Kunden mit einem menschlichen Agenten zu verbinden. Das kann mit Hilfe eines Support-Chats oder einer Rückrufoption erfolgen. Somit ist durch den virtuellen Berater die Erzeugung eines *human touch* möglich, der „den eigentlichen Motor wirtschaftlichen Handelns neben der gezielten Befriedigung von Bedürfnissen"[82] darstellt.[83]

Betrachtet man die Phasen einer Kundenbeziehung, so stellt die Anregungs- bzw. Kontaktphase den ersten Schritt dar. In dieser Phase entdeckt der Kunde sein Bedürfnis. Er sucht nach Neuigkeiten und genauen Informationen. Durch einen virtuellen Helfer entsteht ein großes Potenzial, dem Kunden Produkte spielerisch und unterhaltsam näher zu bringen und zusätzliche Kaufanreize zu erzeugen.[84] Damit der Avatar von dem Kunden genutzt wird und ihm bei der Navigation behilflich sein kann, muss dieser gut sichtbar auf der Webseite platziert werden.[85] Durch das Vorhandensein auf der Startseite des Unternehmens kann der virtuelle Berater den Kunden direkt begrüßen und die Interaktion mit ihm suchen. Der Avatar sollte möglichst individuell gestaltet sein und über Eigenschaften verfügen, die ihn einzigartig machen, da er so zum Sympathieträger werden kann. Internetnutzer kehren gerne zu diesem Gesprächspartner zurück, empfehlen diesen weiter und steigern so die Attraktivität der Websei-

[80] Vgl. Braun (2003), S. 7.
[81] Vgl. Buschmann (2003), S. 102 f.
[82] Samuelsen (2003), S. 28.
[83] Vgl. Samuelsen (2003), S. 28 f.
[84] Vgl. Lindner (2003), S. 14.
[85] Vgl. Braun (2003), S. 69.

te.[86] So entsteht die Möglichkeit der Differenzierung mittels virtueller Charaktere.[87] Neben der Rolle als Repräsentant des Unternehmens kann der Avatar auch als virtueller Marktforscher dienen. Durch die Auswertung der Dialoge gewinnt man Erkenntnisse über die Interessen der unterschiedlichen Zielgruppen. Moderne Avatare fragen die Besucher der Webseite nach ihrem Namen und begrüßen sie zu jeder Tageszeit unterschiedlich. Cookies[88] ermöglichen im Laufe der Unterhaltung zwischen Kunde und Avatar die Sammlung von verkaufsrelevanten Informationen, persönlichen Daten und Interessen, wie z.B. Name, Alter und gewünschtes Produkt des Kunden. Der Kunde wird bei einem erneuten Besuch der Webseite persönlich angesprochen. Dadurch wird die persönliche Note beim Einkauf im Internet gestärkt.[89]

Die zweite Phase der Kundenbeziehung ist die Evaluationsphase. In dieser Phase benötigt der Kunde detaillierte Informationen, wobei er bereits über eine genaue Vorstellung seiner Bedürfnisse verfügt. Er möchte unterschiedliche Alternativen gegenüberstellen, verwandte Produkte kennen lernen und Funktionen, Eigenschaften und Preise der Alternativen miteinander vergleichen. Die Aufgabe von Avataren ist es in dieser Phase, dem Internetnutzer Produkt- und Preisinformationen zu bieten, den Kunden zu beraten und ihn bei seiner Entscheidung zu unterstützen.[90] Durch einen proaktiven Eingriff in den Beratungsvorgang können Avatare zusätzliche Kaufanreize erzeugen, wodurch Cross-Selling ermöglicht wird. Wenn der Avatar die Bedürfnisse des Kunden erkannt hat, kann er ihm weitere Produkte anbieten. Durch solche Vorgänge können dem Kunden auch höherwertige oder ergänzende Produkte vorgestellt werden.[91]

Die darauf folgende Phase der Kundenbeziehung ist die Kauf- bzw. Bestellabwicklungsphase. In der Kaufphase erfolgt die eigentliche Transaktion. Durch den Einsatz eines Avatars soll in dieser Phase hauptsächlich das Problem der so genannten *abandoned shopping carts* behoben werden, das Abbrüche des Einkaufsprozesses im Internet zum Ausdruck bringt. Untersuchungen konnten zeigen, dass diese Abbrüche in 55-77% aller Einkaufsprozesse auftreten. Die

[86] Vgl. Vetter (2003), S. 89.
[87] Vgl. Bühler/Piesk (2002), S. 9 f.
[88] Vgl. für Cookies Rosenbaum (2000), S. 61, Cookies (Kekse), sind Dateien, die ausgelesen werden können, um Informationen über vorherige Besuche zu speichern und Informationen über individuelle Nutzungsgewohnheiten zu erhalten.
[89] Vgl. Samuelsen (2003), S. 33 f.
[90] Vgl. Lindner (2003), S. 14.
[91] Vgl. Buschmann (2003), S.105 f.

Gründe für Abbrüche stellen Informationsdefizite und somit die Verunsicherung des Internetnutzers sowie eine schlechte Nutzerführung dar. Die Benutzer sind nicht bereit, nach Informationen zu suchen.[92] Fehlende oder schwer auffindbare Informationen bzgl. Liefer- und Zahlungsbedingungen und Rückgabemöglichkeiten lassen den Kunden den Einkaufsprozess kurz vor Abschluss abbrechen. Ein Avatar kann in diesem Fall für die nötige Transparenz sorgen und aufkommende Fragen ohne Medienbruch (durch die Weiterleitung an den menschlichen Agenten) 24 Stunden am Tag beantworten. Des Weiteren können virtuelle Helfer auch proaktiv eingreifen und dem Kunden z.B. die Versandbedingungen erläutern.

Die letzte Phase der Kundenbeziehung ist die Nutzungsphase bzw. After-Sales-Phase. Die Nutzungsphase umfasst die Zeit vom Nutzungsbeginn bis hin zur Entsorgung des Produktes. Der Kunde möchte fortwährend beraten werden, möchte Informationen zu eventuellen Updates erhalten und bei Reklamationen umgehend Rückmeldung erhalten. Da in solchen Reklamationsfällen individuelle Kundendaten benötigt werden und mit Kundenbeschwerden vorsichtig umzugehen ist, sind die Möglichkeiten des Avatars begrenzt. Der Avatar gibt in solchen Fällen eher Hinweise auf andere Kommunikationswege bzw. leitet den Kunden an ein Call-Center weiter.[93] Abschließend und zusammenfassend stellen Avatare die „Schwimmflügel fürs Web", dar.[94] Sie erscheinen als das neue Interface, helfen dem Internetnutzer beim Auffinden gewünschter Informationen und stehen dem Nutzer als personalisierter Ansprechpartner rund um die Uhr zur Verfügung.[95]

Neben den vielfältigen Möglichkeiten und Potenzialen des Einsatzes von Avataren müssen aber auch Grenzen und die unzureichende Akzeptanz der Technologie betrachtet werden. Virtuelle Helfer weisen Mängel bzw. Defizite auf. So verfügen sie zum Teil nur über ein begrenztes Sprachverständnis und eine fehlende Dialogintelligenz.[96] Die unterschiedliche Bedeutung einzelner Begriffe und gleichzeitige Existenz vielfältiger Synonyme überlastet viele Dialogsysteme und verhindert somit einen einfachen, übersichtlichen und umfassenden Aufbau. Internetnutzer können zu hohe Erwartungen an einen virtuellen Helfer stellen. Kann dieser eine Anfrage nicht oder nur unzureichend beantworten, führt dies zu Unzufriedenheit auf

[92] Vgl. Buschmann (2003), S. 104 f.
[93] Vgl. Lindner (2003), S. 14.
[94] Bühler (2003), S. 113.
[95] Vgl. Bühler (2003), S. 113.
[96] Vgl. Pape (2003), S. 52 f.

Seiten des Nutzers – dieser empfindet schnell Frust und Enttäuschung. Für erfahrene Nutzer bietet ein Avatar keine große Hilfe. Sie sind geübt im Umgang mit dem Computer und gelangen mit ihrer gewohnten Benutzerführung, mit Maus und Tastatur, schneller zu ihren gewünschten Informationen, als wenn sie sich einem virtuellen Helfer zuwenden. Diese Gruppe der Internetnutzer wird sich einem Avatar allenfalls aufgrund seines Unterhaltungswertes zuwenden.

2.2.2 Intelligente Software-Agenten in der Praxis

Pia, die persönliche Internet-Assistentin des Club Bertelsmann

Der Club Bertelsmann gehört zu den größten internationalen Buchgemeinschaften. Das Sortiment des Clubs wird im Internet, durch Katalogvertrieb und durch Filialen vertrieben. Seit dem 22. März 2001 hat sich der Internetauftritt des Club verändert. Der Internetauftritt ist nun eine Erlebniswelt mit vielfältigen Informationen und Unterhaltungsmöglichkeiten geworden. Von großer Relevanz ist dabei eine benutzerfreundliche Navigation. Im Jahr 2001 zählte der Club zu den Top 10 der Online-Shopping-Sites.[97] Der Erfolg der Seite basierte auf einem modernen Design und einem hohen Maß an Benutzerfreundlichkeit. Außerdem wurde das Angebot der Inhalte und des Service ausgeweitet. Auch Pia,[98] die virtuelle Einkaufsberaterin, wirkte sich positiv auf den Erfolg des Internetauftritts aus. Durch die Beraterin konnten die Funktionalität und der Service verbessert werden. Pia hilft den Kunden bei sämtlichen Fragen. Sie beantwortet Fragen zum Produktsortiment, wie auch allgemeine Fragen zum Club, Fragen zur Mitgliedschaft und zu Liefer- und Zahlungsbedingungen, außerdem unterstützt sie den Kunden bei der Navigation.[99] 2003 wurden über 20.000 Gespräche mit Pia pro Monat registriert. Rund 50% der Anfragen von Kunden bezogen sich dabei auf das Produktsortiment. Pia konnte durch einen Rückgriff auf eine Recommendation-Engine zudem Cross-Promotions fördern. Außerdem konnten die Anfragen marketinganalytisch ausgewertet werden, um so eine Optimierung der Sortimentspolitik zu ermöglichen. Als weiterer positiver Effekt von Pia kann die Entlastung der Kundenbetreuung mit der Konsequenz erheblicher Kosteneinsparungen genannt werden.[100]

---

[97] Vgl. Fröhner (2003), S. 153.

[98] Vgl. http://www.derclub.de/is-bin/INTERSHOP.enfinity/eTS/Store/de/-/EUR/DEService-Kontakt;sid=vo3_nQ6hnRz6JkbAsAcro0CslfVWog0UbXc=, letzter Abruf: 10.6.2008.

[99] Vgl. Fröhner (2003), S. 154.

[100] Vgl. Fröhner (2003), S. 156.

Eve, die Frau aus dem Internet

Die Yello Strom GmbH wurde am 9. August 1999 gegründet und ist ein Tochterunternehmen der Energie Baden-Württemberg AG (EnBW). Yello Strom gelang auf Anhieb der Sprung zum Marktführer unter den neuen Stromanbietern. Mit über 700.000 Kunden konnte Yello Strom seine Marktführerschaft deutlich ausbauen. Seit dem 9. August 2001 werden die Kunden von Yello Strom auf der unternehmenseigenen Internetseite von einer freundlichen Kundenberaterin namens Eve begrüßt. Sie hilft den Internetnutzern bei der Navigation durch den Internetauftritt und berät sie in Fragen rund um das Thema Strom. Eve verfügt über Animationen, Mimik und Gestik sind ausgeprägt. Sie weist auch ein ausgefülltes Privatleben auf. Ihr hübsches Erscheinungsbild, ihr Witz und Charme lassen einen Kontakt mit Eve zu einem echten Gespräch werden.[101] In vielen Internetforen wird in der Folge sogar über Eve, ihr Aussehen und ihre Sachkenntnis diskutiert.[102] Seit 2004 existiert eine eigene Fanhomepage über Eve,[103] auf der vielfachen Animationen und ihre virtuelle Dialogfähigkeit bewundert werden.

Atira, die virtuelle Einskaufsassistentin von Shopping 24.de

Seit dem 16. Januar 2000 berät Atira Kunden auf der Webseite von Shopping 24.de. Das Unternehmen ist eine Tochtergesellschaft der Otto Gruppe und wurde im Jahr 1997 in Hamburg gegründet. Mehr als 40 Shops sind auf der Seite vertreten, von Mode, Reisen, Kosmetik, bsi hin zu Technik, Bücher, Blumen oder Software sind unzählige Produktkategorien vertreten.[104] Atira hat die Aufgabe die Kunden umfassend zu beraten und ihnen Fragen zum Service zu beantworten. 1000 bis 2000 Kunden pro Monat nehmen Atira‘s Hilfsangebot an. Seit Atira die Kunden auf der Webseite freundlich berät, konnte Shopping 24.de eine erhöhte Kaufbereitschaft der Kunden vermerken. Durch Atira gelang es Shopping 24.de zudem, sich deutlich von den Konkurrenten zu differenzieren, da diese nicht über einen virtuellen Einkaufsassistenten verfügen. Die Analyse der geführten Gespräche von Atira machte die Bedürfnisse und Ängste der Kunden sichtbar. Die gewonnenen Erkenntnisse konnten genutzt werden, um die Webseite zu optimieren und eine bessere Anpassung an die Bedürfnisse der Kunden zu erreichen.[105]

---

101 Vgl. O.V. (2001), ohne Seite.
102 Die Eingabe von *Eve, Yello Strom* in einer Suchmaschine brachte zahlreiche Diskussionsbeiträge hervor.
103 Vgl. http://www.all-about-eve.de, letzter Abruf: 16.5.2008.
104 Vgl. http://www.shopping24.de/home/kontakt/kontakt_presse_basics.htm, letzter Abruf: 20.5.2008.
105 Vgl. Hanser/Schnettler (2001), S. 89.

Stella, die virtuelle Recherche-Lotsin der Stabi

Seit Oktober 2004 begrüßt Stella, die elektronische Informationsassistentin der Staats- und Universitätsbibliothek Hamburg (Stabi), die Internetnutzer. Sie unterstützt die Hamburger Studenten bei der Auswahl von Katalogen und Datenbanken und erklärt, wie sie Zugang zu elektronischen Volltexten erhalten können.[106] Auch wenn Stella keinen klassischen Avatar im E-Commerce darstellt, ist sie als ein weiteres zukunftsträchtiges Implementierungsbeispiel von Avataren im Internet aufzufassen.

Problematisch bei einer Recherche in Suchmaschinen ist ein mögliches Fehlen von Relevanz und Unvollständigkeit der Ergebnisse, da Suchmaschinen Vollständigkeit suggerieren.[107] Um die Studenten für alternative Informations- bzw. Recherchemöglichkeiten zu sensibilisieren, wurde ein Chatbot implementiert. Mit diesem können die Studenten dank seiner Wissensbasis umgangssprachlich und interaktiv kommunizieren, das Bibliotheksangebot erfassen und nutzen.[108] Der Chatbot der Stabi sollte einige Anforderungen erfüllen. Stella sollte sympathisch sein, Auskunftsgespräche in ihren Dialogen nachbilden, möglichst kompetent, vollständig die Anfragen der Studenten beantworten und einen gut sichtbaren und funktionalen Platz auf dem Internetauftritt der Stabi haben.[109] Folglich mussten das Aussehen von Stella, das Wesen und ihr Verhalten geplant werden. Im Resultat ähnelt Stellas Aussehen den eines Geistes und stellt damit eine Art guten Hausgeist dar. Als eine ca. 30-jährige Frau, soll sie junge und alte Benutzer ansprechen. Stellas Freundlichkeit, ihre Verbindlichkeit, ihr Humor und manchmal auch ihre Strenge, kennzeichnen ein typisches Gespräch.[110] Stella führt rund 350-400 Gespräche pro Tag, wobei sich 83% der Gespräche auf rein bibliotheksbezogene Inhalte beziehen.

2.2.3 Bisherige Forschungsergebnisse zu Avataren

Ziel dieses Kapitels ist es, einen Überblick über wichtige Studien und Forschungsergebnisse bezüglich der Wirkungen von Avataren auf das Konsumentenverhalten im elektronischen Handel zu geben. Es handelt sich dabei um ausgewählte Studien und erhebt daher keinen Anspruch auf Vollständigkeit.

---

[106] Vgl. http://www.sub.uni-hamburg.de/informationen/projekte/infoass.html?aufruf, letzter Abruf: 16.5.2008.
[107] Vgl. Bachfeld/Christensen/Christof (2005), ohne Seite.
[108] Vgl. Bachfeld/Christensen/Christof (2005), ohne Seite.
[109] Vgl. Bachfeld/Christensen/Christof (2005), ohne Seite.
[110] Vgl. Bachfeld/Christensen/Christof (2005), ohne Seite.

Blens, *Krämer* und *Bente* gehen in ihrer Studie der Frage nach, ob eine virtuelle Figur auf Internetseiten einen positiven Effekt auf Erleben und Verhalten des Internetnutzers ausübt.[111] Die Autoren überprüfen experimentell, inwiefern virtuelle Figuren auf Internetseiten sowohl Verhaltensdaten (Erinnerungsleistung, Beschäftigungs- bzw. Verbleibzeiten und Kaufverhalten), als auch sozial-kognitive Daten (Befindlichkeit und Akzeptanz) beeinflussen bzw. moderieren können.[112] Im Rahmen ihrer experimentellen Untersuchung wurden drei unterschiedliche Internetseiten in Form von Online-Büchershops konzipiert. Diese Seiten unterschieden sich hinsichtlich ihres Layouts, der Farbwahl und des Firmenlogos. Auf zwei dieser Seiten gab es einen virtuellen Helfer, mit dem die Nutzer kommunizieren konnten. Einer der Helfer erschien eher comicartig, der andere Helfer hatte ein eher realistisches bzw. natürliches Erscheinungsbild. Insgesamt nahmen 45 Personen an dem Experiment teil. Die Untersuchung wurde durch Fragebögen zur Befindlichkeit und Akzeptanz der Probanden ergänzt.[113] Es zeigte sich, dass Nutzer generell amüsierter bei der Entdeckung der Internetseite sind, wenn ein virtueller Helfer vorhanden ist.[114] Des Weiteren zeigen *Blens*, *Krämer* und *Bente*, dass virtuelle Helfer den Unterhaltungswert und positive Empfindungen zu steigern vermögen. Außerdem können durch virtuelle Charaktere die Verbleibzeiten und die Erinnerungsleistung manipuliert werden. Zudem unterstützt der Avatar das Kaufinteresse des Internetnutzers.[115]

Die zweite Studie, die die Wirkungen von Avataren im elektronischen Handel untersucht, stammt von *Bauer*, *Neumann* und *Mäder*. Die Autoren untersuchten insbesondere die Effekte des Avatars auf das Vertrauen, den Unterhaltungswert der Webseite, die Einstellung zum Produkt und die Kaufabsicht.[116] Den Rahmen ihrer Untersuchung stellt ein Feldexperiment dar. Dieses simuliert den Internetauftritt eines fiktiven Unternehmens, das Reiseversicherungen vertreibt. In einer Untersuchung mit drei Wellen wurden zunächst Soziodemographik, Fragen zur Internetnutzung und dann die Persönlichkeitsstruktur der Teilnehmer erhoben. Anschließend wurden den Probanden vier Avatare präsentiert, von denen sie sich einen aussuchen konnten.[117] Die Befragten wurden in drei Gruppen eingeteilt. Eine Gruppe kommunizierte mit keinem Avatar, eine mit dem in Welle zwei ausgewählten Avatar und die letzte

[111] Vgl. Blens/Krämer/Bente (2003), S. 297.
[112] Vgl. Blens/Krämer/Bente (2003), S. 298.
[113] Vgl. Blens/Krämer/Bente (2003), S. 299 ff.
[114] Vgl. Blens/Krämer/Bente (2003), S. 301.
[115] Vgl. Blens/Krämer/Bente (2003), S. 305.
[116] Vgl. Bauer/Neumann/Mäder (2005), S. 98.
[117] Vgl. Bauer/Neumann/Mäder (2005), S. 103 f.

Gruppe mit einem zugewiesenen Avatar.[118] Die Ergebnisse dieser Studie zeigen, dass „Avatare die Rolle eines Vertrauensintermediärs einnehmen können“.[119] Sie erweisen sich als wirksames Mittel zur Vertrauensbildung im Internet, da sie das Vertrauen des Konsumenten positiv beeinflussen. Der Einsatz eines Avatars erhöht demnach das Vertrauen in den Anbieter der Internetseite. Des Weiteren kann nachgewiesen werden, dass Avatare den Unterhaltungswert der Webseite erhöhen. Außerdem steigert die Anwesenheit eines Avatars die Kaufabsicht und verbessert die Einstellung zum Produkt. Wird dem Internetnutzer die Möglichkeit gegeben, sich seinen Avatar selbst auszuwählen, werden die positiven Wirkungen des Avatars noch weiter erhöht.[120]

Die dritte vorgestellte Studie wurde von *Holtzwarth*, *Janiszewski* und *Neumann* erarbeitet. Sie untersuchten in zwei Untersuchungen den Einfluss von Avataren auf das Kaufverhalten der Online-Konsumenten.[121] Sie unterstellten einen positiven Effekt des Avatars auf die Zufriedenheit mit dem Händler, die Einstellung zum Produkt und die Kaufabsicht. Außerdem vermuteten sie eine positive Wirkung auf den Unterhaltungs- und Informationswert der Webseite. Die Attraktivität des Avatars und dessen Sachkenntnis, Expertise, waren moderierende Variablen. Die Sympathie gegenüber dem Avatar wurde durch die Attraktivität des Avatars beeinflusst.[122] Außerdem untersuchten sie den Stil der Beratung in Abhängigkeit des Involvements der Konsumenten. Im Rahmen ihres Experiments simulierten sie den Kauf von Freizeitschuhen und die Beratung durch einen Avatar. Die Probanden wurden in drei Gruppen unterteilt; eine Gruppe erhielt eine Beratung von einem attraktiven Avatar, eine von einem sachkundigen Avatar und die letzte Gruppe erhielt keine Beratung.[123] Durch ihr Experiment ergaben sich folgende Erkenntnisse. Die Einbindung eines Avatars auf der Webseite erhöht die Zufriedenheit mit dem Händler, beeinflusst die Einstellung zum Produkt positiv und steigert die Kaufabsicht. Der Unterhaltungs- und Informationswert beeinflussen den Effekt des Avatars auf die anderen Zielgrößen. Attraktive Avatare beeinflussen den Konsumenten eher, wenn diese moderat involviert sind. Dagegen erweisen sich sachkundige Avatare als besser geeignet, wenn die Konsumenten stärker involviert sind.[124] Die wahrgenommene Sachkennt-

[118] Vgl. Bauer/Neumann/Mäder (2005), S. 105.
[119] Bauer/Neumann/Mäder (2005), S. 108.
[120] Vgl. Bauer/Neumann/Mäder (2005), S. 108, (Ein Interview der Forscher : http://youtube.com/watch?v=bcOO0AD3aXY&feature=related, letzter Abruf: 10.6.2008.)
[121] Vgl. Holzwarth/Janiszewski/Neumann (2006), S. 19.
[122] Vgl. Holzwarth/Janiszewski/Neumann (2006), S. 20 ff.
[123] Vgl. Holzwarth/Janiszewski/Neumann (2006), S. 22 f.
[124] Vgl. Holzwarth/Janiszewski/Neumann (2006), S. 29.

nis des Avatars beeinflusst die Glaubwürdigkeit positiv, während die Attraktivität des Avatars eine Steigerung der Sympathie gegenüber dem Avatar bewirkt. Durch die Glaubwürdigkeit und die Sympathie erhöht sich so dann das Überredungspotential des Avatars.[125]

Wang et al. fokussieren sich in ihrer Studie auf die Beantwortung der Frage „Can a retail web site be social?“. Die Autoren untersuchten den Einfluss von Reizen (Sprache, Stimme, Interaktivität, soziale Rolle), dargestellt durch einen menschenähnlichen Charakter, auf die Wahrnehmung der Webseite als soziale Webseite. Außerdem war es ihr Forschungsanliegen herauszufinden, wie die soziale Wahrnehmung der Webseite die Einkaufserlebnisse der Konsumenten beeinflusst. Dabei lag ihr besonderes Augenmerk auf emotionalen Effekten, die durch eine soziale Webseite erzeugt werden können.[126] Sie konnten in ihren zwei Studien nachweisen, dass ein menschenähnlicher Charakter im Vergleich zu einem rein textbasierten Interface stärkere positive emotionale Effekte auf Seiten der Nutzer hervorruft. Der menschenähnliche Charakter verursachte bei den Probanden positive emotionale Effekte auf den Nutzwert, den Unterhaltungswert und die Bindung an die Webseite. Des Weiteren erzeugte der menschenähnliche virtuelle Charakter mehr Freude, Erregung und ein Flow-Gefühl.[127]

Die vorgestellten Studien können zahlreiche positive Effekte durch den Einsatz von Avataren bzw. virtuellen Charakteren aufzeigen. Zum einen betreffen diese positiven Wirkungen Verhaltensdaten der Internetnutzer, wie die Verbleibzeiten auf der Webseite. Zum anderen können sozial-kognitive wie auch emotionale Effekte belegt werden, die die Befindlichkeit der Nutzer, die Akzeptanz von Avataren, oder auch die resultierende Freude und Erregung auf Seiten des Internetnutzers betreffen. Außerdem können Wirkungen auf Konstrukte des Käuferverhaltens wie die Kaufabsicht, die Einstellung zum Produkt und die Einstellung gegenüber dem Händler aufgezeigt werden. *Bauer*, *Neumann* und *Mäder* konnten die bedeutende Rolle eines Avatars als Vertrauensintermediärs experimentell erklären.

Ziel dieser Untersuchung soll es demnach sein, weiterführende Erkenntnisse der Wirkungen der Einstellung gegenüber einem Avatar auf Zielgrößen des Markenmanagements, wie das Markenvertrauen, die Markenbeziehungsqualität und auf das Zielkonstrukt Markenloyalität

[125] Vgl. Holzwarth/Janiszewski/Neumann (2006), S. 32.
[126] Vgl. Wang et al. (2007), S. 143.
[127] Vgl. Wang et al. (2007), S. 152.

zu erlangen. Zunächst aber sollen für das weitere Verständnis Erklärungsansätze der Wirkungen in der Maschine-Mensch-Forschung geschildert werden.

2.3 Erklärungsansätze der Wirkungen in der Maschine-Mensch-Forschung

2.3.1 Personifikation und Betrachtungen zum Anthropomorphismus

Das Interesse, ob oder inwiefern technische Systeme bzw. Computer den Menschen zu sozialen Attributionen veranlassen, Emotionen und das Verhalten des Menschen beeinflussen können, entstand nicht erst durch die Entwicklung von benutzerzentrierten Schnittstellen.[128] Schon im Jahre 1982 erforschten *Quintanar et al.*, ob ein Computer als ein sozialer Stimulus angesehen werden kann. Ihre Absicht war es dabei, eine Voraussage der Einstellungen und Verhaltensweisen der Computernutzer treffen zu können.[129] *Weizenbaum* konnte bereits in den 1960er Jahren nachweisen, dass Computern menschliche Eigenschaften zugeschrieben werden.[130] Ausgehend von solchen ersten Forschungsergebnissen stellten *Quintanar et al.* eine Hypothese heraus, nach der die Haltung und Performanz des Benutzers durch den Grad der Menschlichkeit des technischen Systems beeinflusst wird. Sie konnten mit ihrer Untersuchung belegen, dass Computernutzer dem Computer menschliche Wesenszüge zurechnen. Diese ersten Erkenntnisse führten zu weiteren Untersuchungen, die sich vermehrt auf den Anthropomorphismus bezogen.[131] Unter Anthropomorphismus versteht man die „Übertragung menschlicher Eigenschaften auf Nichtmenschliches (Gott, Naturereignisse, Tiere)“.[132]

Insbesondere *Nass* und *Kollegen* zeigten in vielen Studien, dass der Computer als soziale Entität wahrgenommen werden kann und demzufolge auch entsprechend behandelt wird.[133] *Nass* und *Reeves* stellten fest, dass die Interaktion mit Computern, dem Fernsehen und den neuen Medien auf denselben, auch in der realen Welt angewendeten, Regeln basiert. Diese Erkenntnis äußert sich in der von ihnen aufgestellten These *media equation – media equal real life*.[134] In mehreren verschiedenen Studien konnten *Reeves* und *Nass* nachweisen, dass Computernutzer dem Computer höflich entgegentreten, indem sie Höflichkeitsnormen auf den Computer anwenden.[135] Sie konnten zeigen, dass Benutzer sozial auf Computerpersönlichkeiten reagie-

[128] Vgl. Krämer/Bente (2002), S. 209.
[129] Vgl. Quintanar et al. (1982), S. 217 ff.
[130] Vgl. Weizenbaum (1994), S. 14 ff.
[131] Quintanar et al. (1982), S. 218 f.
[132] Vgl. Duden (1971), S. 55.
[133] Vgl. z. B. Nass/Steuer/Tauber (1994).
[134] Vgl. Reeves/Nass (1998), S. 4 f.
[135] Vgl. Nass/Steuer/Tauber (1994), S. 74; Nass/Moon (2000), S. 88.

ren. So beurteilen Nutzer einen Computer, dessen Persönlichkeitsprofil ihrem eigenen ähnelt besser, als einen Computer, dessen Persönlichkeitsprofil sich von dem ihren unterscheidet.[136] Sie belegten außerdem, dass der Computer positiver bewertet wird, wenn er den Nutzern schmeichelt, anstatt nur ein automatisch generiertes Feedback zu geben.[137] Des Weiteren dokumentierten sie das Vorhandensein eines Geschlechterstertypos. Im Rahmen eines Experiments zeigte sich, dass sich ein Computer mit weiblicher Stimme besser eignete, um Themen wie Liebe und Beziehung zu vermitteln, eine männliche Computerstimme dagegen nützlich war für Themen, die Computer und Technologien betreffen.[138]

Sproull et al. untersuchten in ihrer Studie unterschiedliche Interfaces, ein rein textbasiertes und ein *talking-face* Interface. Sie konnten belegen, dass die Probanden auf die beiden Interfaces unterschiedlich reagierten. Probanden, die mit dem *talking-face* interagierten, waren stärker erregt, d.h. sie waren weniger entspannt und fühlten sich unsicherer. Sie brauchten länger, um gestellte Fragen zu beantworten, woraus gefolgert werden kann, dass sie genauer und sorgfältiger nachdachten. Sie zeigten demnach mehr Aufmerksamkeit als die Probanden, die mit dem rein textbasierten Interface interagierten. Außerdem präsentierten sich die Probanden, die mit dem *talking-face* interagierten positiver als die, die mit dem textbasierten Interface interagierten. Sie stellten sich bei Fragen zu Altruismus und sozialer Erwünschtheit positiver dar als die andere Probandengruppe.[139] Die Forschungsergebnisse zeigen, dass Computer als soziale Akteure wahrgenommen werden. Wie eine solche Beziehung entsteht und wie intensiv diese ist, wird sehr differenziert gesehen. Nutzer-Defizit-Modelle führen ein soziales Verhalten gegenüber dem Computer bzw. technischen Geräten auf ein mangelndes Wissen oder auf soziale und psychologische Funktionsstörungen der Nutzer zurück. Modelle der impliziten Kommunikationspartner hingegen basieren auf der Annahme, dass soziale Reaktionen auf einen Computer eine Art indirekte Kommunikation darstellen, die sich an den Entwickler des Computers, z.B. an den Programmierer der Software richtet.[140]

Nass und *Kollegen* vertreten die Meinung, dass die Reaktionen von Nutzern nicht durch spezifische und bewusste Annahmen des Nutzers über die Technologie bestimmt, sondern viel-

[136] Vgl. Nass/Moon (2000), S. 92.
[137] Vgl. Fogg/Nass (1997), S. 556.
[138] Vgl. Nass/Moon (2000), S. 85.
[139] Vgl. Sproull et al. (1996), S. 111 ff.
[140] Vgl. Krämer/Bente (2002), S. 210.

mehr durch unbewusste automatische Prozesse ausgelöst werden.[141] Die Reaktionen der Nutzer bzw. die zugemessenen Persönlichkeitsmerkmale, entstehen unbewusst und automatisch bei den Nutzern. Wenn Computer über *personality-like characteristics* verfügen, interagieren die Nutzer mit den Rechnern, als hätten sie eine Persönlichkeit.[142] Die automatischen, unbewussten sozialen Reaktionen werden durch Situationen ausgelöst, die so genannte soziale Cues enthalten. Wenn ein Computer über menschenähnliche Eigenschaften verfügt, fördern diese Cues eine Reaktion gegenüber dem Computer, die mit einer Reaktion gegenüber einem Menschen gleichzusetzen ist. Die wahrgenommene Ähnlichkeit des Computers mit einem Menschen aktiviert soziale Verhaltensweisen.[143] Eigenschaften, die die Personalisierung des Computers fördern, sind z.B. die Sprachausgabe und die Interaktivität.[144]

Kiesler und *Sproull* vertreten eine andere Meinung als *Nass et al.* Sie halten die Annahme für übertrieben, dass es sich um soziale Interaktionen auf Seiten der Nutzer handle. Sie vertreten die Meinung, dass User auf Computer bzw. Benutzerschnittstellen mit menschlichen Zügen derart reagieren, als ob es sich um einen realen Menschen handelt. Die Reaktionen der Nutzer resultieren ihrer Auffassung nach aus den *demand characteristics* der Situation, wie den Interaktionsanforderungen. Dementsprechend verhalten sich die Nutzer gegenüber den Computersystemen wie gegenüber einem Menschen, sofern sie bei dem System Verhaltensweisen wahrnehmen, die zu ihren sozialen Verhaltensweisen passen. Jedoch stellt dieses Verhalten bei *Kiesler* und *Sproull*, im Gegensatz zu *Nass et al.*, keine soziale Reaktion dar.[145]

2.3.2 Soziale Wirkungen und verhaltensmäßige Reaktionen

Zahlreiche Untersuchungen bestätigen, dass virtuelle Charaktere soziale Wirkungen auslösen. Soziale Wirkungen stellen in diesem Zusammenhang emotionale, kognitive und verhaltensmäßige Reaktionen dar, die auch in Gegenwart eines Menschen eintreten. Bei solchen sozialen Wirkungen handelt es sich bspw. um emotionale Bindungen, Steigerung der Aufmerksamkeit oder auch um eine Veränderung der Selbstdarstellung, so genanntes Impression Management.[146] Verhaltensmäßige Reaktionen können dabei aus der Persuasionsfähigkeit des virtuellen Charakters resultieren. Persuasion tritt dann ein, wenn eine Person andere Men-

[141] Vgl. Nass et al. (1994), S. 544.
[142] Vgl. Nass et al. (1995), S. 234.
[143] Vgl. Nass et al. (1994), S. 544 f.
[144] Vgl. Nass et al. (1994), S. 550 f.
[145] Vgl. Kiesler/Sproull (1997), S. 196 f.
[146] Vgl. Krämer/Bente (2002), S. 208.

schen dazu veranlasst, ihre Meinungen, Einstellungen oder auch ihr Verhalten zu verändern.[147] Die Persuasionswirkung ist von den Merkmalen der Kommunikationsquelle, des Inhaltes der Kommunikationsbotschaft und den Merkmalen des Rezipienten abhängig.[148] Der Rezipient strebt innerhalb seiner Einstellungen nach Konsistenz. So entwickeln sich Einstellungsänderungen größtenteils als Reaktionen auf Aussagen, Argumente und Informationen, die das Einstellungsobjekt betreffen.[149]

Petty und *Cacioppo* unterscheiden bei der Verarbeitungsintensität der Informationen zwischen zwei unterschiedlichen Routen, einer peripheren und einer zentralen Route. Ihr Elaboration Likelihood Modell besagt, dass das Ausmaß der Einstellungsänderung davon abhängt, wie stark und intensiv sich der Rezipient mit der empfangenen Kommunikationsbotschaft auseinandersetzt bzw. diese verarbeitet.[150] In ersten Untersuchungen, die die Persuasionswirkung von virtuellen Charakteren zum Inhalt hatten, konnten Experimente zeigen, dass virtuelle Charaktere genauso überzeugend auf den Menschen wirken, wie reale Menschen. Außerdem konnte nachgewiesen werden, dass das andere Geschlecht jeweils eine größere Persuasionswirkung auf den Rezipienten ausübt. So ließen sich Männer stärker von einem weiblichen virtuellen Charakter überzeugen und vice versa.[151]

Menschliche Eigenschaften wie die Stimme oder allgemein das menschliche Äußere, erhöhen die Wahrnehmung des Computers als sozialer Akteur.[152] Das menschliche Gesicht nimmt dabei einen großen Stellenwert ein. *Dehn* und *van Mulken* zeigten, dass ein virtuelles Gesicht im Vergleich zu einem textbasierten Interface ebensoviel Aufmerksamkeit erzeugen kann, wie ein reales menschliches Gesicht.[153] *Takeuchi* und *Naito* fanden in ihrem Experiment, einem virtuellen Kartenspiel, heraus, dass ein Gegner mit einem Gesicht, den Unterhaltungswert des virtuellen Kartenspiels steigert. Des Weiteren stellten sie fest, dass die Probanden versuchten, während der Interaktion mit den virtuellen Figuren deren Gesichtsausdruck und Kopfbewegungen zu deuten. Sie vergaßen dabei sogar, sich auf das Spiel zu konzentrieren.[154]

[147] Vgl. Hovland/Irving/Kelley (1953), S. 10 ff.
[148] Vgl. Hovland/Irving/Kelley (1953), S. 13 f.
[149] Vgl. Hovland/Irving/Kelley (1953), S. 10 ff.
[150] Vgl. Petty/Cacioppo (1986), S. 3.
[151] Vgl. Zanbaka (2007), S. 89 f.
[152] Vgl. z.B. Nass et al. (1994).
[153] Vgl. z.B. Dehn/van Mulken (2000).
[154] Vgl. Takeuchi/ Naito (1995), ohne Seite.

Ähnliche Erkenntnisse machten *Koda* und *Maes*. Sie ließen die Probanden gegen mehrere Computer Poker spielen. Die Computer unterschieden sich in ihren Interfaces. Es gab Computer mit keinem, einem weiblichen realistischen, einer weiblichen Karikatur, einer Hundekarikatur und einem Smiley Interface. Die Ergebnisse dieser Untersuchung belegten eine größere Aufmerksamkeit der Probanden bei Existenz eines Interfaces. Außerdem konnten sie demonstrieren, dass, je realistischer das Abbild des menschlichen Gesichts ist, desto intelligenter, sympathischer und angenehmer wird es wahrgenommen.[155]

Animated Padagogical Agents (APA) ermöglichen in Lernumgebungen ein besseres interaktives *face-to-face* lernen.[156] Die Anwesenheit eines APA hat eine starke positive Wirkung auf das wahrgenommene Lernerlebnis der Probanden. *Lester et al.* nennen diese Wirkung *Persona Effect*. Sie unterscheiden zwischen zwei Möglichkeiten des Auftretens dieser positiven Wirkung. Zum einen vermuten sie einen direkten kognitiven Effekt, der durch die bessere Wissensakquisition und die durch den Agent ermöglichte Stimulation von Reflektionen und Selbsterklärung entsteht. Zum anderen vermuten sie motivationale Effekte. Durch die amüsante, anmutende Anwesenheit des APA erhöht sich die positive Wahrnehmung des Lernerlebnis bzw. der Lernerfahrung.[157]

Von besonderem Interesse ist die Frage, ob die Gegenwart von virtuellen Charakteren zu Social Facilitation führen kann. Die Social Facilitation Theorie besagt, dass Menschen bei Anwesenheit anderer Menschen gut geübte oder wenig komplexe Aufgaben besser erfüllen können. Bei komplexen und wenig geübten Aufgaben kommt es hingegen zu Leistungsverschlechterungen.[158] Diese Theorie sollte auf Interface-Agenten übertragbar sein, da diese als soziale Größen wahrgenommen werden. *Rickenberg* und *Reeves* untersuchten die Wirkungen verschiedener animierter Charaktere auf die Angst, auf die Erfüllung einer Aufgabe und auf die Bewertung der Benutzerschnittstelle durch die Computernutzer. Dabei gab es die Situation gänzlich ohne einen Charakter, dann mit einem Charakter, der die Probanden ignoriert und schließlich mit einem Charakter, der die Probanden bei ihrer Arbeit auf der Webseite beobachtet bzw. kontrolliert.[159] *Rickenberg* und *Reeves* konnten feststellen, dass Nutzer, die den *monitoring character* auf dem Bildschirm sehen konnten, einerseits größere Angst hatten und

[155] Vgl. Koda/Maes (1996), ohne Seite.
[156] Vgl. Lester et al (1997), S. 359.
[157] Vgl. Lester et al. (1997), S. 364.
[158] Vgl. Zajonc (1965), S. 270.
[159] Vgl. Rickenberg/Reeves (2000), S. 49.

mehr Fehler machten.[160] Die Probanden empfanden aber anderseits auch mehr Vertrauen zu der Webseite, wenn ein *monitoring character* auf dieser zu sehen war.[161] Als mögliche Erklärung dafür machen die beiden Forscher darauf aufmerksam, dass Angst nicht nur negative Reaktionen erzeugt. Vielmehr stellt Angst eine Art Erregung dar. Diese Erregung wird als Voraussetzung vieler psychologischer Prozesse gesehen. So kann Erregung bestimmen, wem oder was Menschen ihre Aufmerksamkeit schenken oder an wen oder was sie sich erinnern werden. Abhängig von der Situation kann Erregung durch eine Benutzerschnittstelle nützlich sein.

Walker, *Sproull* und *Subramani* konnten positive Effekte im Sinne von Leistungsveränderungen nachweisen. Probanden, die mit einem *talking-face* interagierten, ließen sich mehr Zeit bei der Beantwortung von Fragen, machten weniger Fehler und beantworteten offene Fragen ausführlicher. Das *talking-face* mit einem ernsten, strengen Gesichtsausdruck konnte diese Wirkungen sogar noch erhöhen. Jedoch wurde das ernste, strenge Gesicht von den Probanden am unsympathischsten wahrgenommen. In Bezug auf die Social Facilitation Theorie lässt sich sagen, dass die Anwesenheit eines *talking-face* den Probanden daran erinnert, dass er bewertet wird. Dieser strengt sich daher bei der Erfüllung der Aufgaben mehr an. Die Probanden schenken somit ihrer Aufgabe mehr Aufmerksamkeit.[162]

Neben der Theorie der Social Facilitation konnten durch den Einsatz von virtuellen Charakteren soziale Wirkungen beobachtet werden, die sich durch den Begriff des Impression Managements kennzeichnen lassen. Die Impression Management Theorie ist ein Erklärungskonzept der Sozialpsychologie. Dieser Theorie liegt die Annahme zugrunde, dass Menschen sich ständig darum bemühen, den Eindruck, den andere Menschen von ihnen haben, zu beeinflussen und zu kontrollieren. *Goffman* war einer der ersten Forscher, der sich mit dem Phänomen des Impression Managements, oder auch Eindruckmanagements, beschäftigte.[163] Die Selbstpräsentation stellt den Mittelpunkt des Impression Managements dar. Das *Selbst* bzw. das Image einer Person führt durch gelieferte Informationen an andere Menschen zu einer kognitiven Repräsentation. Impression Management führt zu sozial erwünschtem Verhalten, da Men-

[160] Vgl. Rickenberg/Reeves (2000), S. 52, 55.
[161] Vgl. Rickenberg/Reeves (2000), S. 54.
[162] Vgl. Walker/Sproull/Subramani (1994), S. 89.
[163] Vgl. Joas (2001), S. 101 f, 121.

schen einen möglichst positiven Eindruck bei anderen Menschen hinterlassen möchten. Dieser möglichst positive Eindruck soll die anderen Menschen dazu veranlassen das Gegenüber gut zu behandeln.[164]

Soziale Wirkungen, die im Zusammenhang mit der Impression Management Theorie stehen, konnten *Sproull et al.* nachweisen. Das Experiment von *Sproull et al.* simulierte eine virtuelle Karriereberatung. Die Probanden interagierten zum Teil mit einer rein textbasierten Schnittstelle, zum anderen Teil mit einer Schnittstelle, deren Oberfläche mit einem realistischen menschlichen Gesicht ausgestattet war.[165] Im ersten Abschnitt des Experiments mussten die Probanden psychologische Fragen zu den Themen soziale Erwünschtheit (social desirability), Selbstwertgefühl (self-worth) und Altruismus (altruism) mittels Anklicken verschiedener vergebener Antwortmöglichkeiten beantworten.[166] *Sproull et al.* konnten mit diesem Experiment zeigen, dass Probanden, die das Gesichtsinterface benutzten, sich bei der Beantwortung positiver bezüglich Altruismus und sozialer Erwünschtheit darstellten. Somit konnte eine Tendenz zur positiven Selbstdarstellung aufgezeigt werden.[167] Diese Erkenntnis führt zu Implikationen für den Einsatz virtueller, anthropomorpher Charaktere. Der Nutzen der aus dem Einsatz eines virtuellen Charakters resultiert wie die Orientierung und Motivation des Internetnutzers, muss den Kosten des Einsatzes wie möglichen psychologischen Kosten der Nutzer gegenüber gestellt werden. *Sproull et al.* fassten diese Bedenken zusammen: „Many people want computers to be responsive to people. But do we also want people to be responsive to computers?"[168]

Eine modelltheoretische Erklärung für die Beurteilung der Akzeptanz und die emotionale Wirkung von Robotern bzw. künstlichen Figuren wie Avataren lieferte in den 1970er Jahren *Mori*. *Abbildung 2* verdeutlicht die Wirkungszusammenhänge zwischen den Reaktionen der Menschen und der Menschenähnlichkeit künstlicher Figuren. Der Effekt des *Uncanny Valley* (unheimliches Tal) beschreibt die Akzeptanz des Menschen von technisch simuliertem und nonverbalem Verhalten, das abhängig vom Realitätsgehalt der künstlichen Figuren ist. *Abbildung 2* zeigt eine zunehmend positive empathische Reaktion von Menschen auf die menschliche Darstellung von etwas *Künstlichem*, die einen abrupten Abfall kurz vor dem Punkt der vollständig realistischen Abgleichung findet. Die Akzeptanz künstlicher Figuren steigt erst ab

[164] Vgl. Goffman (1991), S. 230 ff.
[165] Vgl. Sproull et al. (1996), S. 102.
[166] Vgl. Sproull et al. (1996), S. 108.
[167] Vgl. Sproull et al. (1996), S. 114.
[168] Sproull et al. (1996), S. 119.

einem bestimmten, sehr hohen Grad an Menschlichkeit wieder an. Die Akzeptanz ist am stärksten, wenn sich künstliche Figuren, Avatare, überhaupt nicht mehr von Abbildern realer Menschen unterscheiden. Außerdem lässt die Grafik erkennen, dass Menschen künstliche Figuren bis zu einem gewissen Punkt anziehender und akzeptabler finden, als Figuren die zunehmend realistischer werden. Künstlichen Figuren werden zwar menschliche Eigenschaften zugeschrieben, aber ihnen werden Fehler eher verziehen, da von ihnen keine genauen Antworten erwartet werden.[169] *Parke* warnt davor, virtuellen Figuren ein allzu realistisches Aussehen zu geben: „The quest for realism runs headlong into the fact that a „realistic" face which is just a little wrong, receives strong critical reaction from most viewers".[170] Des Weiteren lässt ein menschliches Aussehen des virtuellen Charakters die Erwartungen der Menschen steigen, so dass diese durch das Bewegungs- und Interaktionsverhalten des virtuellen Charakters nicht mehr erfüllt werden können.[171]

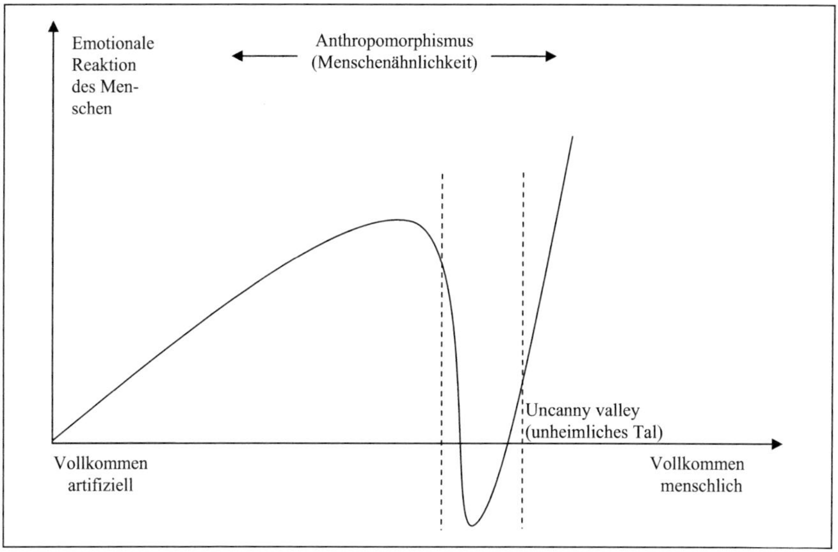

Abbildung 2: Der Effekt des *Uncanny Valley*[172]

[169] Vgl. Lindner (2003), S. 11.
[170] Parke (1991), S. 229, zitiert nach Krämer/Bente (2001), Hervorhebungen wie im Original.
[171] Vgl. Krämer/Bente (2001), ohne Seite.
[172] Eigene Abbildung in Anlehnung an Mori (1970).

2.3.3 Medienpsychologische Wirkungen von Avataren

Die Grundlage des Hervorrufens sozialer oder auch medienpsychologischer Wirkungen durch virtuelle Charaktere ist, dass sie strukturelle Ähnlichkeiten mit dem Nutzerverhalten und mit der Humankommunikation aufweisen. In diesem Fall können für virtuelle Charaktere auch vergleichbare psychologische Prinzipien angewendet werden. Ein Teilgebiet der Medienpsychologie stellt die Erforschung von parasozialen Wahrnehmungs- und oder Kommunikationsprozessen dar.[173] Sozio-emotionale Dimensionen, die sich auf die Mediennutzung beziehen, wie z.B. Involvement und parasoziale Interaktion, wurden in der Medienpsychologie verstärkt im Zusammenhang mit Fernsehmotiven und – wirkungen erforscht.[174]

Die von *Horton* und *Wohl* entwickelte Theorie der parasozialen Interaktion beschreibt das Phänomen, dass Rezipienten mit einer medial vermittelten (durch Radio, Fernsehen und Film) Figur, die sie *Personae* nennen, sozial interagieren. Die so genannten Personae sind Menschen, die in Fernsehsendungen agieren wie Moderatoren in Spiel- und Talksshows, Quiz-Master, Ansager oder auch Interviewer.[175] Das Konzept von *Horton* und *Wohl* ist ursprünglich an der Theorie des Symbolischen Interaktionismus orientiert.[176] Es geht von einer Interaktion aus, die nur in den Köpfen der Rezipienten stattfindet, wobei für diese aber klare und eindeutige Regeln und Rollenvorschriften vorhanden sind. Diese Art von Interaktion ist kein Ersatz für echte Interaktionen und Beziehungen, sondern stellt eine neue Erfahrung der Rezipienten dar, die aber vergleichbar mit einer face-to-face Kommunikation sind.[177] Die Basis der parasozialen Interaktion zwischen der Personae und den Zuschauern ist die „illusion of a face-to-face relationship".[178] Obwohl Personae und Rezipient aufgrund der medialen Vermittlung voneinander getrennt sind, unterstellen *Horton* und *Wohl* ein Verhalten wie in einer sozialen Kommunikationssituation. Die Personae sprechen den Zuschauer direkt an, versuchen den Zuschauer zur Teilnahme an der Interaktion zu überreden und einen positiven Eindruck eines freundschaftlichen Verhältnisses zu erzeugen. Dieses Verhalten der Medienakteure begünstigt die Herstellung einer sozialen Beziehung zwischen den Interaktionspartnern.[179] „The most usual way of achieving this ambiguity is for the persona to threat his supporting believe

[173] Vgl. Bente/Otto (1996), S. 217.
[174] Vgl. Bente/Otto (1996), S. 223.
[175] Vgl. Horton/Wohl (1956), S. 216.
[176] Vgl. Himpel (1992), S. 138.
[177] Vgl. Bente/Otto (1996), S. 225.
[178] Horton/Wohl (1956), S. 215.
[179] Vgl. Horton/Wohl (1979), S. 36.

cast as a group of close intimates. ... The member of the audience, therefore, ... tends to believe that this fellowship includes him by extension".[180] Den Rezipienten wird von den Personae die *appropriate answering role* zugewiesen. Ob die Rezipienten diese zugewiesene Rolle annehmen, können sie jedoch selbst entscheiden. Sofern sie die Rolle annehmen, erleben sie die Rezeption als eine soziale Interaktion mit den Medienfiguren.[181] Dabei ist diese Interaktion als parasozial zu betrachten, da die Anwesenheit der Personae nur durch die Medien vermittelt wird; die Medienakteure die Interaktion und Gegenwart der Zuschauer nur antizipieren können und es bei nicht interaktiven Medien keine Möglichkeit zur Rückmeldung der Zuschauer an die Medienakteure gibt.[182] Parasoziale Beziehungen entstehen aus mehreren parasozialen Interaktionen zwischen dem Rezipienten und der Personae.

Nach der Begriffs- bzw. Theorieerklärung der parasozialen Interaktion ist nun die Frage zu klären, ob sich die Erkenntnisse, die sich insbesondere auf Fernseh- und Radiomoderatoren beziehen, auf Avatare im Internet übertragen lassen. *Horton* und *Wohl* nahmen bereits Ende der 1950er Jahre an, dass auch fiktive Figuren, „sometimes even to puppets anthropomorphically transformed into 'personalities'",[183] parasoziale Beziehungen verursachen können. Voraussetzung, dass Avatare parasoziale Beziehungen verursachen können, ist, dass diese als soziale Wesen wahrgenommen werden. *Reeves* und *Moon* zeigten, dass Computernutzer Computer als soziale Wesen wahrnahmen, sobald diese schwache soziale Anzeichen aufwiesen.[184] Eine weitere Hürde zum Aufbau von parasozialen Beziehungen durch Avatare stellt deren beschränkte Kommunikationsfähigkeit dar. Nur wenn die Kommunikation von den Nutzern als *natürlich* wahrgenommen wird, ist die Bindung zu einem Avatar möglich. Daher versuchen Forscher bereits seit den 1950er Jahren die kommunikativen Fähigkeiten von Computern zu verbessern. Des Weiteren werden auch nonverbale Verhaltensweisen simuliert, um den Computer bzw. den Avatar natürlicher wirken zu lassen.[185] Mit der vorangeschrittenen Entwicklung der Kommunikationsfähigkeit und der Simulation von nonverbalem Verhalten, scheinen die Voraussetzungen für eine parasoziale Beziehung auf Seiten der Avatare erfüllt zu sein.

---

[180] Horton/Wohl (1979), S. 36.
[181] Vgl. Horton/Wohl (1979), S. 38.
[182] Vgl. Hartmann/Klimmt/Vorderer (2001), S. 352.
[183] Vgl. Horton/Wohl (1956), S. 216, Hervorhebungen wie im Original.
[184] Vgl. Nass/Moon (2002), S. 92.
[185] Vgl. Hartmann/Klimmt/Vorderer (2001), S. 354.

Hartmann, *Klimmt* und *Vorderer* führten zwei Studien durch, in denen sie parasoziale Bindungen zu Avataren untersuchten.[186] Sie konnten feststellen, dass die Avatare nicht in der Lage waren parasoziale Beziehungen anzubieten, die mit Bindungen zu den Medienakteuren in Film und Fernsehen vergleichbar waren. Trotzdem ließen sich Anzeichen für zumindest schwache Bindungen beobachten, wenn auch weniger intensiv und abhängig von der Darstellung in der Medienumgebung.[187] Außerdem konnten die Forscher belegen, dass die Attraktivität der virtuellen Figur die Intensität der parasozialen Beziehung positiv beeinflusst. Des Weiteren sind verschiedengeschlechtliche parasoziale Beziehungen stärker als gleichgeschlechtliche ausgeprägt. Um die parasozialen Beziehungen zu stärken und sie mit denen von Fernseh- und Filmakteuren vergleichbar zu machen, schlagen die Autoren vor, die *inneren* Fähigkeiten wie z.B. die Interaktionskompetenz zu verbessern. Die verbesserten Kommunikationsfähigkeiten sollen die Avatare befähigen, stärkere parasoziale Beziehungen zu erzeugen.[188]

Als weitere Theorien, die sich zur Modellierung sozialer Wirkungen von Avataren eignen, sind das Konzept der *Telepräsenz* und die Theorie der *Social Presence* zu nennen. Das Konzept der Telepräsenz von *Steuer* dient zu einer hardwareunabhängigen Definition der virtuellen Realität.[189] Den Schlüssel seiner Definition der virtuellen Realität sieht er „in terms of human experience rather than technological hardware in the concept of presence". *Presence* wird dabei "as the experience of one's physical environment; it refers not to one's surroundings as mediated by both automatic and controlled mental processes" definiert.[190] In der technisch vermittelten Kommunikation treten gleichzeitig Wahrnehmungen von zwei unterschiedlichen Umwelten auf. Der Rezipient nimmt seine physische Umgebung, in der er sich befindet, und die virtuelle Umgebung, die durch das Medium vermittelt wird, wahr. Das Konzept der Telepräsenz beschreibt den Zustand der Überlegenheit der virtuellen Erfahrung gegenüber der realen Erfahrung.[191] Die Telepräsenz ist daher ein Maß für die Intensität des virtuellen Systems: „telepresence is defined as the experience of presence in an environment by means of a communication medium".[192] Die Telepräsenz besteht aus zwei Dimensionen, der Leben-

[186] Vgl. Hartmann/Klimmt/Vorderer (2001), S. 355.
[187] Vgl. Hartmann/Klimmt/Vorderer (2001), S. 363.
[188] Vgl. Hartmann/Klimmt/Vorderer (2001), S. 364.
[189] Vgl. Steuer (1993), S. 3.
[190] Steuer (1993), S. 5.
[191] Vgl. Bente/Otto (1996), S. 221.
[192] Steuer (1993), S. 6.

digkeit (vividness) und der Interaktivität (interactivity). Die Lebendigkeit ist abhängig von der sensorischen Breite (breadth) und der sensorischen Tiefe (depth). Die Interaktivität wird durch die Geschwindigkeit (speed), das Reportoire (range) und die Abbildungsfunktion bestimmt.[193]

Differenzierend von der Telepräsenz schlugen *Biocca* und *Harms* und *Gregg* das Konstrukt der sozialen Präsenz vor. Die soziale Präsenz wird im Gegensatz zur Telepräsenz als „the sense of being together with another {i.e.., mental models of other intelligences (i.e., people, animals, agents, gods, etc) that help us stimulate „other minds“}”definiert.[194] Nach *Biocca, Harms* und *Gregg* besteht die soziale Präsenz aus drei Aspekten: Kopräsenz, psychologischem und kommunikativem Involvement.[195] Dabei verkörpert die Kopräsenz ein Gefühl nicht alleine zu sein. Das psychologische Involvement ist der Grad zu dem der Betrachter sich empathisch in den anderen einfühlen kann. Das kommunikative Involvement stellt die Stärke empfundener Interdependenz und Reziprozität in der Interaktion dar.[196]

Wesentlich für eine medienübermittelte Interaktion ist, dass Personen, mit denen man interagiert bzw. kommuniziert nicht unmittelbar in der physischen Umgebung anwesend sind. Vielmehr findet die Interaktion mit Repräsentationen aus Pixeln statt. Diese Repräsentationen, die z.B. Avatare sein können, werden von den Menschen als kopräsent und gesellschaftlich engagiert wahrgenommen. Eine Erfahrung von sozialer Präsenz durch den Menschen ist dabei abhängig von den Möglichkeiten bzw. Eigenschaften des Mediums. Reaktionen des Menschen können oberflächig und flüchtig sein, jedoch sind auch starke emotionale Reaktionen wie z.B. das Weinen während eines Filmes oder das Lachen, während der Interaktion mit einem virtuellen Charakter möglich.[197] In dem Moment, indem Avatare als empfindungsfähig und fühlend wahrgenommen werden, wird Kopräsenz möglich. Ein Avatar wird nicht mehr als ein *Ding*, sondern „as somehow being, a mediating other“[198], wahrgenommen.

[193] Vgl. Bente/Krämer/Petersen (2002), S. 12 f.
[194] Biocca/Harms/Gregg (2001), S. 1, Hervorhebungen wie im Original.
[195] Vgl. Biocca/Harms/Gregg (2001), S. 2; Bente/Krämer/Petersen (2002), S. 19 f.
[196] Vgl. Biocca/Harms/Gregg (2001), S. 2.
[197] Vgl. Biocca/Harms (2002), S. 4 f.
[198] Biocca/Harms (2002), S. 13.

Eine mentale Stimulation kognitiver und emotionaler Zustände kann durch morphologische Eigenschaften des Menschen, besonders durch Abbildungen des menschlichen Gesichts, ausgelöst werden.[199] Die Bewegungsfähigkeit eines virtuellen Charakters kann der Schlüssel zur Erzeugung von Kopräsenz sein.[200] Die Aktivierung mehrerer Sinneskanäle (Hören, Tasten, Sehen) beim Beobachter, die Realitätsnahe von sensorischen Dimensionen, die Interaktivität des Systems und die möglichen Handlungsalternativen beeinflussen positiv die sozial präsente Wahrnehmung des Avatars.[201] Die Konzepte der sozialen Präsenz und der Telepräsenz eignen sich für eine weitere Theorienbildung und Forschung. Bei der Modellierung sozialer Wirkungen durch virtuelle Charaktere sollten diese Konzepte beachtet werden.[202]

Vor dem Hintergrund der in Kapitel 2 vermittelten Hintergründe zur Anwendung von Avataren in der Unternehmenspraxis und deren Wahrnehmung durch Nutzer ist im folgenden Kapitel die Herleitung eines Untersuchungsmodells unter Berücksichtigung von Erfolgsgrößen aus dem Markenmanagement von Interesse.

[199] Vgl. Biocca/Harms (2002), S. 13 ff.
[200] Vgl. Biocca/Harms (2002), S. 16.
[201] Vgl. Krämer/Bente (2002), S. 216 f.
[202] Vgl. Krämer/Bente (2002), S. 217.

3 Konzeptualisierung eines Modells zum Einflusses von Avataren im E-Commerce

3.1 Determinanten der Einstellung gegenüber dem Avatar

3.1.1 Physische Attraktivität

Wie die bisher analysierten Studien zeigen, stehen die physische Attraktivität der Kommunikationsquelle (Sender) und die Einstellungsbildung des Empfängers in einem Zusammenhang. Daher soll erklärt werden, wie die physische Attraktivität eines Avatars die Einstellung des Rezipienten bzw. Konsumenten gegenüber diesem Avatar beeinflusst. Die physische Attraktivität soll in dieser Untersuchung als „the extent to which the salesperson is perceived by the customer as possessing an appealing and pleasing physical appearance“[203] definiert warden, wobei die *salesperson* in dieser Untersuchung durch den Avatar verkörpert wird. *Kahle* und *Homer* konnten einen positiven Zusammenhang zwischen einer attraktiven Kommunikationsquelle und der Kaufabsicht der Verbraucher feststellen.[204] *Horai*, *Naccari*, und *Fatoullah* fanden heraus, dass eine attraktive Kommunikationsquelle die Meinungsübereinstimmung zwischen Sender und Empfänger positiv beeinflusst.[205]

In der Werbeforschung wurden zahlreiche Studien durchgeführt, die den Einfluss von attraktiven Testimonials auf die Einstellung des Konsumenten und die Existenz eines Beauty-is-good-Stereotyps feststellen konnten.[206] *Caballero*, *Pride*[207] und *DeShields et al.*[208] testeten die Attraktivität von Verkäufern bzw. Testimonials und stellten eine höhere Kaufbereitschaft und positivere Einstellungen bei Konsumenten fest, sofern der Verkäufer als attraktiv empfunden wurde. *Reignen* und *Kernan* zeigten, dass attraktiven Verkäufern bessere Verkaufsfähigkeiten zugesprochen wurden und sie freundlicher und kompetenter wahrgenommen wurden.[209] Die bisherigen verschiedenen Studien, die den Zusammenhang zwischen Attraktivität und Einstellungen untersuchten, kommen zu sehr unterschiedlichen Ergebnissen. Es existieren auch mehrere Studien, die keinen direkten Einfluss der Attraktivität des Kommunikators auf die Einstellungen der Rezipienten feststellen konnten.[210] Das Beauty-is-good-Stereotyp, welches das Herzstück der Attraktivitätsforschung darstellt, besagt zudem, dass attraktiven Personen eine

[203] Vgl. Ahearne/Gruen/Jarvis (1999), S. 270.
[204] Vgl Kahle/Homer (1985), S. 957.
[205] Vgl. Horai/Naccari/Fatoullah (1974), S. 605.
[206] Vgl. Praxmarer (2006), S. 444.
[207] Vgl. Caballero/Pride (1984), S. 97 f.
[208] Vgl. DeShields et al. (1996), S. 96 f.
[209] Vgl. Reingen/Kernan (1993), S. S. 29.
[210] Vgl. Gierl/Praxmarer (2000), S. 25.

Vielzahl weiterer positiver Eigenschaften zugeschrieben wird. Attraktiveren Personen werden z. B. in höherem Maße sozial erwünschte Persönlichkeitsmerkmale (Charakterstärke, Liebenswürdigkeit, Feingefühl und Ausgeglichenheit) zugeschrieben und es wird angenommen, dass attraktive Menschen in ihrem Leben mehr Erfolg haben als Unattraktive.[211]

Ein Modell, das zur Erklärung der Wirkung der Attraktivität herangezogen werden kann, ist das Elaboration Likelihood Modell. Das Elaboration Likelihood Model von *Petty* und *Cacioppo* beschreibt die durch Persuasion bedingte Einstellungsänderung und deren Stärke. Die durch Beeinflussung bedingte Einstellungsänderung kann auf einem zentralen oder peripheren Weg erfolgen.[212] Den Überlegungen von *Petty* und *Cacioppo* zufolge, nutzen die Rezipienten Merkmale der Quelle als periphere Hinweisreize oder einfache Entscheidungsregeln für die Urteilsbildung. Diese Merkmale wirken sich demzufolge auf die Einstellung des Rezipienten aus, sofern die Verarbeitungsbereitschaft bzw. die Verarbeitungsfähigkeit der Rezipienten gering ist. Demzufolge treten Einstellungsänderungen auf, wenn das Einstellungsobjekt mit positiven oder negativen Hinweisen bzw. Reizen verbunden wird. Die physische Attraktivität kann als ein solcher positiver Reiz angesehen werden. Eine positiv wahrgenommene Kommunikationsquelle steigert die persuasive Wirkung unabhängig von der Qualität der Botschaft.[213] Außerdem übertragen sich positive Gefühle, die durch das Betrachten eines attraktiven Modells entstehen, nach der Dual Mediation Hypothese, auf das Objekt, den Avatar, und bewirken eine positive Einstellung des Rezipienten.[214]

Es kann angenommen werden, dass die Erkenntnisse aus der Werbeforschung und der Attraktivitätsforschung für diese Untersuchung von Bedeutung sind. Aufgrund ihrer Menschenähnlichkeit und ihrer wissensbasierten Kompetenz sollten die Erkenntnisse über Testimonals und Verkäufer auf Avatare übertragbar sein. Ein attraktiver Avatar kann positive Gefühle auslösen und sich positiv auf die Einstellung des Rezipienten bzw. Konsumenten gegenüber dem Avatar auswirken. Daher ergibt sich als erste Hypothese:

H_1: Je größer die Attraktivität eines Avatars, desto positiver ist die Einstellung des Konsumenten gegenüber diesem Avatar.

[211] Vgl. Hess (1992), S. 62.
[212] Vgl. Petty/Cacioppo (1986), S. 3.
[213] Vgl. Petty/Cacioppo (1984), S. 670.
[214] Vgl. MacKenzie/Lutz/Belch (1986), S. 132.

3.1.2 Sympathie

Sympathie ist die Grundlage für das Zustandekommen von Kontakt und Kommunikation. Die Erhöhung von Interesse und Aufmerksamkeit des Kommunikationsempfängers sind möglich, wenn der Empfänger den Sender sympathisch findet. Des Weiteren werden dem sympathischen Sender positive Eigenschaften und Kompetenzen, wie z.B. Glaubwürdigkeit, Vertrauenswürdigkeit, Problemlösungskompetenz und Leistungsfähigkeit zugerechnet. Man möchte sich mit sympathischen Menschen unterhalten, nimmt sich Zeit für sie und ändert möglicherweise auch die eigene Einstellung gegenüber diesen.[215] In der psychologischen Literatur wird Sympathie als die positive bzw. negative Bewertung von Personen definiert, d.h. Sympathie meint die Einstellung zu bestimmten Personen.[216] Im soziologischen Kontext umfasst Sympathie „alle Formen zwischenmenschlicher Anziehung".[217]

In Verkaufsinteraktionen bewirkt Sympathie eine angenehme Atmosphäre und vergrößert das Kommunikationspotenzial und die Kompromissbereitschaft der Beteiligten.[218] Übertragen auf den Kontext dieser Untersuchung lässt sich der folgende Zusammenhang annehmen: Sympathie bewirkt, dass ein Avatar positiv beurteilt wird und daraus eine positive Einstellung des Empfängers bzw. Konsumenten gegenüber dem Avatar resultiert. Der vermutete Zusammenhang lässt sich daher wie folgt beschreiben:

H_2:	Je sympathischer ein Avatar wahrgenommen wird, desto positiver ist die Einstellung des Konsumenten gegenüber diesem Avatar.

3.1.3 Unterhaltungswert

Der Unterhaltungswert eines Mediums, wie der des Internets, entscheidet darüber, ob und wie lange ein Nutzer sich mit dem Medium beschäftigt. Der Uses-and-Gratifications- Approach, der zur Erklärung dienen soll, stützt sich auf die Annahme, dass Rezipienten Medien nutzen, um ihre Bedürfnisse zu befriedigen und ihre Ziele zu erreichen.[219] Der Rezipient nutzt Medien, um Belohnungen (Gratifikationen) zu erhalten. Die beiden wichtigsten Bedürfnisse stellen

[215] Vgl. Bergler/Hoff (2001), S. 72 f.
[216] Vgl. Herkner (2001), S. 313.
[217] Bergler/Hoff (2001), S. 69.
[218] Vgl. Van Kleef/De Dreu/Manstead (2001), S. 21.
[219] Vgl. Katz/Blumler/Gurevitch (1973), S. 510.

den Wunsch nach Unterhaltung und nach persönlichen Beziehungen dar.[220] Viele Untersuchungen können belegen, dass der Unterhaltungswert von Webseiten einen hohen Nutzen stiftet.[221] Unter anderem werden durch den Unterhaltungswert die Verweildauer und das Ausmaß der Nutzung positiv beeinflusst.[222] Die Bedürfnisbefriedigung der Rezipienten wird besonders durch Medienakteure wie z.B. Schauspieler und Moderatoren erreicht. Die Massenmedien vermögen eine Illusion von face-to-face Beziehungen zwischen Rezipienten und den Medienakteuren zu erzeugen.[223] Die Beziehung der Rezipienten zu den Medienakteuren bezeichnet man als *para-social-interaction*.[224] Auch wenn eine persönliche Interaktion mit dem Medienakteur nicht möglich ist, sind Empfindungen wie Freundschaft und Intimität zu beobachten. So kann der Rezipient eine Beziehung zu dem Medienakteur aufbauen.

Die Wirkung von Avataren sollte mit der Wirkung von Moderatoren im Fernsehen vergleichbar sein. Im Internet wie auch im Fernsehen suchen die Rezipienten nach Unterhaltung, daher liegen vergleichbare Bedürfnisse vor. Daher ist davon auszugehen, dass ein Avatar den Unterhaltungswert einer Webseite erhöht. *Chen* und *Wells* konnten in ihrer Studie den Faktor Entertainment (Unterhaltungswert) als engstes Korrelat der Einstellung zu einer Internetseite identifizieren.[225] Folglich hat der Unterhaltungswert eine Wirkung auf die Einstellung gegenüber der Internetseite. In dem Dual Mediation Modell von *MacKenzie*, *Lutz* und *Belch* wird unterschieden zwischen der Beurteilung eines Werbemittels, welches einen Stimulus darstellt und der Einstellung gegenüber einem Objekt.[226] Nach dem Dual Mediation Modell resultiert aus der Bewertung des Werbemittels (Internetseite) die Einstellung gegenüber dem Objekt (Avatar). Daher ist zu erwarten, dass sich ein hoher Unterhaltungswert über die positive Einstellung zur Webseite auch positiv auf die Einstellung des Rezipienten bzw. Konsumenten gegenüber dem Avatar auswirkt. Somit ergibt sich als dritte Hypothese:

H_3:	Je höher der Unterhaltungswert eines Avatars, desto positiver ist die Einstellung des Konsumenten gegenüber diesem Avatar.

220 Vgl. Blumler (1979), S. 17.
221 Vgl. Eighmey/McCord (1998), S. 192.
222 Vgl. Bauer/Mäder/Fischer (2003), S. 232 ff.
223 Vgl. Horton/Wohl (1956), S. 215.
224 Vgl. Horton/Wohl (1956), S. 215; Hippel (1992), S. 13.
225 Vgl. Chen/Wells (1999), S. 31 ff.
226 Vgl. MacKenzie/Lutz/Belch (1986), S. 132.

3.1.4 Expertise

Expertise (Sach- und Fachkenntnis) und Vertrauenswürdigkeit verkörpern bei *Hovland, Janis und Kelley* die zwei Dimensionen der Glaubwürdigkeit. Sie definieren Expertise als „the extent to which a communicator is perceived to be a source of valid assertions".[227] Begriffe, wie (Fach-)Wissen, Erfahrung, laut *Hovland* et al. auch allgemein Intelligenz und *gut informiert sein*[228] sowie Qualifikation, Begabung, Geschick und Können konkretisieren die Kompetenz des Kommunikators.

Erkenntnisse aus der sozialpsychologischen Persuasionsforschung zeigen, dass die empfundene Expertise des Kommunikators einen positiven Einfluss auf die Einstellungsänderung des Rezipienten hat.[229] Außerdem wirkt sich die empfundene Expertise positiv auf eine Übereinstimmung der Meinungen aus.[230] Im Kontext dieser Untersuchung, soll die Expertise des *Verkäufers*, des Avatars, als „the extent to which a salesperson is viewed as having knowledge regarding the application and attributes of her or his product, competing products, and of the customer's business"[231] definiert werden.

Nach dem Elaboration Likelihood Modell von *Petty* und *Cacioppo* bewirkt eine als *expert source* wahrgenommene Kommunikationsquelle, bei einer Situation von geringer persönlicher Relevanz, eine verstärkte persuasive Wirkung unabhängig von der Argumentationsfähigkeit der Quelle.[232] Die Rezipienten orientieren sich bei geringer Verarbeitungswahrscheinlichkeit an einfachen Reizen oder Hinweisen, wie der Sachkenntnis des Kommunikators, um zu einer Einstellungsbildung zu gelangen.[233] Bei hohem Involvement jedoch achten die Rezipienten bzw. Konsumenten verstärkt auf die Qualität und den Inhalt der Kommunikationsbotschaft.[234]

Es soll angenommen werden, dass die Erkenntnisse aus der Persuasionsforschung auf die Wirkung von Avataren übertragen werden können. Es ist davon auszugehen, dass ein sach-

---

227 Hovland/Irving/Kelley (1953), S. 21.
228 Hovland/Irving/Kelley (1953), S. 21.
229 Vgl. Ohanian (1990), S. 42.
230 Vgl. Horai/Naccari/Fatoullah (1974), S. 605.
231 Ahearne/Gruen/Jarvis (1999), S. 274.
232 Vgl. Petty/Cacioppo (1984), S. 669.
233 Vgl. Petty/Cacioppo (1984), S. 668.
234 Vgl. Petty/Cacioppo (1984), S. 669.

kundiger Avatar eine positive Einstellung des Rezipienten bzw. Konsumenten gegenüber dem Avatar hervorruft. Daher gilt:

H_4:	Je größer die Expertise eines Avatars, desto positiver ist die Einstellung des Konsumenten gegenüber diesem Avatar.

3.1.5 Selbstkongruenz

Die Kongruenzhypothese bzw. die Kongruenztheorie kann aus frühen Erklärungen von *Levy* abgeleitet werden.[235] Die Kongruenzhypothese geht davon aus, dass sich mit zunehmender Ähnlichkeit zwischen einer Markenpersönlichkeit und der Persönlichkeit des Verbrauchers eine Wertigkeit zum Produkt einstellt, die zu einem *Mögen*, *Haben wollen* oder *Nicht verlieren wollen* führt.[236] Die Self-Congruity Theory[237] von *Sirgy* versucht die positiven Wirkungen einer Übereinstimmung zwischen Personen und Objekten, bzw. Personen und Ereignissen theoretisch zu begründen.[238] Das Empfinden eines positiven Selbstwertgefühls und das Streben nach Selbstkonsistenz sind die Basisfaktoren von *Sirgys* Theorie. Das Selbstwertgefühl, welches als eine positive oder negative Haltung gegenüber dem tatsächlichen Selbstkonzept aufgefasst werden kann[239], spiegelt das im Langzeitgedächtnis verankerte Wissen eines Individuums über sich selbst wider.[240] Das Streben nach Selbstkonsistenz stellt das individuelle Streben nach Übereinstimmung zwischen Selbstkonzept und externen Einflüssen dar. Das Individuum ist demnach bestrebt, ein konsistentes und widerspruchfreies Bild seines Selbstkonzeptes aufrechtzuerhalten. In Folge dessen sucht das Individuum Erfahrungen, die das Selbstkonzept bestätigen und vermeidet solche, die das Selbstkonzept bedrohen.[241]

Die Selbstkongruenz beeinflusst die Beziehungsqualität der Kommunikationspartner. Grundlage dieser Relation ist die Similarity-Attraction Theorie, die die Attraktivität einer interpersonalen Beziehung als Funktion der Ähnlichkeit der Beziehungspartner darstellt. Um eine mögliche Gefährdung der Selbstkonsistenz zu vermeiden, bevorzugen Individuen Kommunikationspartner bzw. Interaktionspartner, die ihnen möglichst ähnlich sind.[242] Erkenntnisse in

[235] Vgl. Levy (1959), S. 120 ff; Bauer/Mäder/Huber (2002), S. 689.
[236] Vgl. Bauer/Mäder/Huber (2002), S. 690.
[237] Vgl. Sirgy et al. (1997), S. 230.
[238] Vgl. Bauer/Mäder/Huber (2002), S. 689 f.
[239] Vgl. Bauer/Mäder/Huber (2002), S. 690.
[240] Vgl. Herkner (2001), S. 361.
[241] Vgl. Festinger (1978), S. 279.
[242] Vgl. Smith (1998), S. 7.

Bezug auf Käufer-Verkäufer-Beziehungen erlangte *Smith,* der feststellte, dass Käufer „...are attracted to, prefer, and support relationships with similar others in order to reinforce their self-esteem and maintain balance or congruity in self-identity“.[243]

Zahlreiche andere Studien können einen positiven Einfluss der Ähnlichkeit zwischen Käufer und Verkäufer aufzeigen. Mit wahrgenommener Ähnlichkeit steigen die Bewertung des Verkäufers durch den Käufer und die Verkaufsmöglichkeit von Produkten.[244] *Morgan und Hunt* untersuchten geschäftliche Beziehungen und stellten heraus, dass die Ähnlichkeit der Partner, die Übereinstimmung der Unternehmenswerte und Normen, gleiches Verhalten, gleiche Ziele und Verfahrensweisen, das Vertrauen zwischen den Partnern stärken und die Einhaltung von Absprachen gegenüber dem Geschäftspartner intensivieren.[245]

Als Resultat aus den gewonnenen Erkenntnissen kann abgeleitet werden, dass sich die wahrgenommene Ähnlichkeit zwischen einem Avatar und einem Konsumenten positiv auf die Einstellung des Konsumenten auswirkt. Diese Überlegungen führen zu folgender Hypothese:

H_5:	Je größer die Ähnlichkeit zwischen einem Avatar und einem Konsumenten, desto positiver ist die Einstellung des Konsumenten gegenüber diesem Avatar.

3.1.6 Interaktivität

In der Literatur sind zahlreiche Definitionen der Interaktivität zu finden.[246] Die Interaktivitätsforschung wird aus zwei verschiedenen Perspektiven betrachtet. Die *communicator's perspective* bestimmt die Interaktivität als ein wechselseitiges System, welches die Interaktion zwischen zwei Gruppen ermöglicht oder vereinfacht. Im Gegensatz dazu wird in der *audience's perspective* die Interaktivität als eine Eigenschaft bzw. als psychologischer Geistes- (Gemüts)Zustand des Publikums verstanden.[247] In dieser Untersuchung soll die Interaktivität „as a psychological state experienced by a site-visitor during his or her interaction“[248] definiert werden. Die Interaktivität spiegelt sich in drei Dimensionen wider: die wahrgenom-

[243] Smith (1998), S. 7.
[244] Vgl. Woodside/Davenport (1974) S. 201; Churchill/Collins/Strang (1975), S. 40 ff.
[245] Vgl. Morgan/Hunt (1994), S. 25 f.
[246] Vgl. für einen Überblick verschiedener Definitionen McMilian/Hwang (2002), S. 31 ff.
[247] Vgl. Wu (2006), S. 88.
[248] Wu (2006), S. 91.

mene Kontrolle „as the perceived ease of difficulty of performing the behavior“,[249] das wahrgenommene Reaktionsvermögen, welches ausdrückt „how he or she perceives an interactive system responds to his or her input“[250] und die wahrgenommene Personifizierung als „the extent to which a consumer perceives how his or her communicate counterpart's responses are appropriate or personally relevant to his or her communicative behaviors“.[251]

Bislang wurden vor allem die Wirkungen von interaktiven Werbemaßnahmen im Internet untersucht. Die Ergebnisse dieser Studien sind zwar nicht einheitlich, jedoch lassen sie erkennen, dass sich solche Werbemaßnahmen tendenziell positiv auf das Konsumentenverhalten auswirken.[252] *Sicilia, Ruiz* und *Munuera* zufolge erhöht die Interaktivität die Effektivität von Werbemaßnahmen. Des Weiteren stärkt die Interaktivität die Einstellung des Konsumenten zur Webseite. Gründe für diese Stärkung werden vor allem durch die interaktiv bedingte verbesserte Informationsverarbeitung und die Intensität des Flow-Gefühls bestimmt.[253] Interaktivität begünstigt die Wahrnehmung und Bewertung von Produkten und Marken. Das Verständnis von Internetinhalten und die Beziehung zu diesen werden durch die Interaktivität positiv beeinflusst.[254] *Ghose* und *Dou* bestimmten die Interaktivität als Schlüsselfaktor einer Webseite. Sie belegten, dass es einen positiven Zusammenhang zwischen der Interaktivität und der Qualität der Seite gibt und dass ein höherer Interaktivitätsgrad die betreffende Internetseite zu einer beliebten Internetseite werden lässt.[255]

Zwei verschiedene Ansätze können zur Erklärung der Wirkung von Interaktivität auf das Konsumentenverhalten herangezogen werden. Die beiden Ansätze sind das Elaboration Likelihood Modell und der emotionale Ansatz der Umweltpsychologie.

Das Elaboration Likelihood Model von *Petty* und *Cacioppo* beschreibt die durch Persuasion bedingte Einstellungsänderung und deren Stärke. Wie eine Kommunikationsbotschaft durch den Konsumenten rezipiert und elaboriert wird, hängt dabei von der Verarbeitungstiefe bei den Empfängern der Botschaft ab.[256] Die Verarbeitungstiefe entwickelt sich aus kognitiven

[249] Wu (2006), S. 91.
[250] Wu (2006), S. 92.
[251] Wu (2006), S. 92.
[252] Vgl. Diehl/Terlutter/Weinberg (2007), S. 483.
[253] Vgl. Sicilia/Ruiz/Munuera (2005), S. 41.
[254] Vgl. Macias (2003), ohne Seite.
[255] Vgl. Ghoose/Dou (1998), S. 40.
[256] Vgl. Kroeber-Riel/Weinberg (2003), S. 229.

Strukturen, die sich bei der Informationselaboration bilden. Eine intensive Informationsverarbeitung begünstigt die Entstehung von Verknüpfungen zwischen vorhandenem Wissen und neuen Erkenntnissen. So können neue Informationen leichter erinnert werden.[257] Das Ausmaß der Intensität der Auseinandersetzung (mit einem Avatar auf der Internetseite) stellt einen entscheidenden Grund für positive Wirkungen bei den Empfängern dar.[258] Die Intensität der Auseinandersetzung mit einem Avatar kann durch den Interaktivitätsgrad des Auftritts gesteuert werden. Je interaktiver die Kommunikation zu dem Unternehmen gestaltet wird, desto höher ist die Möglichkeit, dass sich der Konsument mit dem Internetauftritt beschäftigt und sich stärker mit diesem auseinandersetzt. Der Interaktivitätsgrad kann beim Internetnutzer Reaktionen auslösen, die die Einstellungsbildung und die Verhaltensintentionen beeinflussen. Vielfältige Interaktionsmöglichkeiten führen zu einer bedürfnisgerechten Auseinandersetzung mit dem Avatar und ermöglichen so eine positive Beurteilung des Avatars durch den Internetnutzer.

Einen weiteren Ansatz, um die Wirkungen der Interaktivität zu erklären, stellt der emotionale Ansatz der Umweltpsychologie dar. Der ursprüngliche Ansatz von *Mehrabian* und *Russell,* ist ein Stimulus-Organismus-Response Modell (S-O-R), welches davon ausgeht, dass die Umwelt (S) die affektiven und kognitiven Erfahrungen (O) beeinflusst und daraus Verhaltensreaktionen des Individuums (R) resultieren.[259] Diese Reaktionen bestimmen über eine Annäherung bzw. Abwendung des Individuums an die Umwelt. Dabei wird in der Umweltpsychologie zwischen drei emotionalen Zuständen unterschieden: Gefallen (pleasure), Aktivierung (arousal) und Dominanz (dominance).[260]

Donovan und *Rossiter* übertrugen das ursprüngliche Modell auf den *Retail* Kontext. Sie fanden heraus, dass die *dominance* Dimension nicht in diesen Kontext passt und entfernten sie für ihre Untersuchung. Sie verwendeten nur die Dimensionen Gefallen und Aktivierung.[261] Die Umweltpsychologie geht davon aus, dass die Menge von Stimuli, die in der Umwelt vorkommen, die Informationsrate der Umwelt festlegt. Eine hohe Informationsrate ist die Basis für eine Aktivierung, wobei Aktivierung als eine Erregung bzw. innere Spannung definiert

[257] Vgl. Craik/Lockart (1972), S.675 f.
[258] Vgl. Craik/Lockart (1972), S. 675 f.
[259] Vgl. Donovan/Rossiter (1982), S.36; Kim/Fiore/Lee (2007), S. 96.
[260] Vgl. Donovan/Rossiter (1982), S. 38.
[261] Vgl. Donovan/Rossiter (1982), S. 55 f.

werden kann, die dazu führt, dass das Individuum in einen Zustand der Leistungsfähigkeit versetzt wird.[262] Die Möglichkeit der Interaktion erfordert vom Computernutzer selbstständiges aktives Handeln. Außerdem erhöhen umfangreiche und neue Reize, die durch Interaktion entstehen, die Informationsrate, was wiederum zu einer Erhöhung der Aufmerksamkeit führt. Daraus kann man schließen, dass die Interaktivität die Aufmerksamkeit zu steigern vermag.[263] Gefallen (pleasure) steht im engen Zusammenhang mit der Aktivierung. Die Forschung zum *Sensation Seeking* zeigt, dass Konsumenten neue Reize bzw. Stimulationen suchen, um ein bestimmtes Erregungsniveau aufrechterhalten zu können. Sie erhoffen sich dadurch einen persönlichen Nutzen.[264]

Daher lässt sich vermuten, dass ein Avatar, der die Interaktionsmöglichkeit des Konsumenten bzw. Internetnutzers erhöht, also neue Stimulationen bietet, von den Konsumenten positiv beurteilt wird. Zusammenfassend kann aus den Erkenntnissen, die aus dem ELM und dem Modell der Umweltpsychologie auf den Kontext dieser Untersuchung übertragen wurden, abgeleitet werden, dass ein Avatar die Aufmerksamkeit des Konsumenten erhöht. Die Interaktivität führt zu einer stärkeren Auseinandersetzung mit dem Avatar. Des Weiteren bietet der Avatar neue Stimulationen und erhöht die Aktivierung. Die Interaktivität des Avatars fördert das Gefallen des Avatars und führt demzufolge zu einer positiven Einstellung des Konsumenten gegenüber diesem. Daher gilt:

H_6:	Je höher die Interaktivität eines Avatars, desto positiver ist die Einstellung des Konsumenten gegenüber diesem Avatar.

3.2 Konsequenzen der Einstellung gegenüber dem Avatar

3.2.1 Markenvertrauen, Markenbeziehungsqualität und Markenloyalität als Zielgrößen des Modells

Im zu postulierenden Modell zur Erklärung des Einflusses von Avataren soll die Wirkung der Einstellung des Konsumenten gegenüber dem Avatar auf das Markenvertrauen, die Markenbeziehungsqualität und auf die Markenloyalität untersucht werden. Bevor die einzelnen Einflussfaktoren näher beschrieben werden, soll die resultierende Größe des Modells, die Markenloyalität eine Erörterung erfahren.

[262] Vgl. Kroeber-Riel/Weinberg (2003), S. 58.
[263] Vgl. Diehl/Terlutter/Weinberg (2007), S. 481.
[264] Vgl. Zuckerman (1994), S. 3.

In der Literatur lassen sich viele Ansätze finden, die die Konzeptionalisierung der Loyalität zum Ziel haben. Diese Ansätze können in zwei Gruppen von Loyalitätsauffassungen unterteilt werden. Zum einen wird Loyalität eindimensional anhand von beobachtbaren Verhaltensweisen (behavioralistische oder intentionale Sichtweise) konzipiert. Zum anderen gibt es Konzeptionalisierungsansätze, die die beiden Sichtweisen, behavioralistische und intentionale, zusammen verwenden. Die Loyalität besteht somit aus zwei Dimensionen: der Dimension des bisherigen Verhaltens und der Verhaltensabsicht.[265] *Abbildung 3* soll die Zusammensetzung der Markenloyalität grafisch verdeutlichen.

Loyalität soll als Funktion positiver Einstellungen gegenüber einem Anbieter bzw. einer Marke und dem tatsächlichen Kaufverhalten in Bezug auf diese(n) konzeptionalisiert werden. *Homburg*, *Becker* und *Hentschel* bilden dabei die Einstellung mit Hilfe des Weiterempfehlungsverhaltens ab. Das Weiterempfehlungsverhalten führt sowohl zu einer wiederholten Nachfrage des Konsumenten nach einer bestimmten Marke als auch zur Bereitschaft sich positiv über die Marke zu äußern. Sie erkennen außerdem als wichtige Faktoren beabsichtigter Loyalität die Weiterempfehlungsabsicht, die Wiederkaufsabsicht und die Zusatzkaufabsicht (Cross-Selling-Potenzial) des Konsumenten.[266] Im Folgenden werden die Einflussgrößen der Markenloyalität in dieser Untersuchung erläutert.

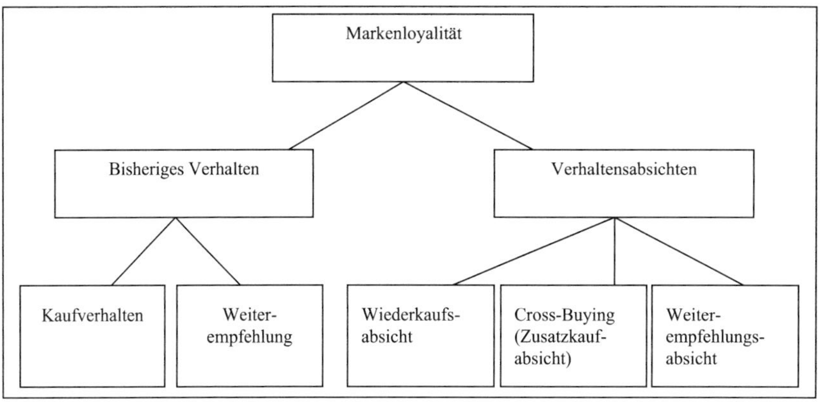

Abbildung 3: Dimensionen der Markenloyalität[267]

[265] Vgl. Homburg/Giering/Hentschel (2000), S. 89.
[266] Vgl. Homburg/Becker/Hentschel (1998), S. 88 f.
[267] Eigene Darstellung in Anlehnung an Homburg/Becker/Hentschel (1998), S. 89.

Einstellungen und Images sollen als Synonyme angesehen werden und stellen nach *Hermanns* das Bild oder die innere Vorstellung einer Person zu einem bestimmten Subjekt oder Objekt dar.[268] Die Vorstellung besteht aus drei Komponenten: einer affektiven, einer kognitiven und einer konativen. Die affektive Komponente enthält die mit der Einstellung verbundene gefühlsmäßige Einschätzung eines Objektes. Die kognitive Komponente fasst die mit einer Einstellung verknüpften Gedanken (Wissen der Person) über das Einstellungsobjekt zusammen. Diese Darstellung unterscheidet sich von dem klassischen Drei-Komponenten-Modell, welches besagt, dass Einstellungen auch durch eine konative Komponente geprägt werden, die eine Handlungs- bzw. Verhaltenstendenz umfasst.[269] Diese Handlungs- bzw. Verhaltenstendenz wird in der neueren Sicht der Einstellungsforschung als eigenständiges Konstrukt verstanden, da Verhaltensabsichten eine höhere Verhaltensrelevanz aufweisen als Einstellungen.[270]

Mit der Loyalität rückt zudem ein weiteres Konstrukt in den Mittelpunkt der Betrachtung. Selbst für den loyalen Konsumenten wird es immer schwieriger das unüberschaubare Waren- und Leistungsangebot der Unternehmen zu beurteilen. Der Konsument besitzt nicht alle nötigen Informationen zu Produkten oder Dienstleistungen; es besteht eine Informationsasymmetrie zwischen dem Kunden und dem Anbieter von Produkten oder Dienstleistungen. Das Vertrauen zu einem Anbieter dient daher häufig als *Kompensationsmechanismus*. Vertrauen hilft dem Konsumenten das Fehlen von Informationen zu bewältigen. Voraussetzung des Vertrauens in eine Person oder in eine Marke ist ein wahrgenommenes Risiko auf der Seite des Konsumenten. Besteht für den Konsumenten kein Risiko, weil keine Informationsasymmetrie vorliegt, ist eine Kompensation durch Vertrauen nicht nötig.[271] Das Vertrauen hat eine hohe Relevanz in Kundenbeziehungen. Durch das Internet als wichtiger Distributionskanal wird diese Bedeutung nochmals gesteigert. Dass Wachstumspotenziale im Internet noch nicht ausgeschöpft sind, ist in mangelndem Vertrauen der Internetnutzer gegenüber dem Internet und Anbietern von Waren und Dienstleistungen im Internet begründet.[272] Vertrauen wird in unterschiedlichen Forschungsdisziplinen untersucht, wie z.B. von Soziologen und Ökonomen. Die Sozialpsychologie untersucht dabei das Vertrauen zwischen mehreren Individuen. Die Bereit-

[268] Vgl. Hermanns (1997), S. 115.
[269] Vgl. Meffert (2000), S. 118 f.
[270] Vgl. Hammann/Erichson (2000), S. 334 f.
[271] Vgl. Trommsdorff/Götze/Herm (2006), S. 1264.
[272] Vgl. Hoffmann/Novak/Peralta (1999), S. 129.

schaft einer Person, aufgrund positiver Erwartungen hinsichtlich des Verhaltens eines anderen, risikovolle Vorleistungen zu erbringen, wird als Vertrauen angesehen.[273]

Williamson liefert eine ökonomische Erklärung des Vertrauens. Demnach ist die Voraussetzung von Vertrauen das Abwägen der Kosten (Risiko) und des Nutzens (Gewinn) einer Beziehung. Ein Individuum entwickelt erst Vertrauen, wenn der Nutzen die Kosten übersteigt. Als Nutzen kann dabei angesehen werden, dass in einer vertrauensvollen Beziehung diese nicht mehr durch Sicherungs- und Kontrollmechanismen überwacht werden muss.[274]

Eine wichtige Begründung, um das Vertrauenskonzept in den Marketingkontext zu übertragen, liegt im Beziehungscharakter des Konzeptes. Viele Untersuchungen konnten die Wichtigkeit von Vertrauen als Determinante erfolgreicher wirtschaftlicher Beziehungen nachweisen. Wichtige Gründe, um das Vertrauenskonzept auf die Markenforschung adaptieren zu können, fanden *Aaker* und *Fournier*. *Aaker* sieht Marken als eigenständige Persönlichkeiten,[275] *Fournier* beschreibt Marken als aktive Beziehungspartner. Marken sind somit nicht nur Objekte, sie verfügen über eigene Eigenschaften und eine eigene Identität. Demnach können Konsumenten eine Beziehung zu Marken aufbauen, d. h. durch die Vermenschlichung von Marken können Konsumenten Vertrauen zu Marken empfinden.[276]

Delgado-Ballester und *Munera-Alemán* definieren Vertrauen als „a feeling of security based on the belief that his or her behaviour is guided and motivated by favourable and positive intentions towards the welfare and interests of his/her partner".[277] Vom Partner wird also erwartet, dass dieser nicht lügt, keine Versprechen bricht und keinen Vorteil aus der Verwundbarkeit des Partners zieht. Sie übertragen ihre Vertrauensdefinition auf den Markenkontext und definieren Markenvertrauen als "... a feeling of security held by the customer that the brand will meet his/her consumption expectations".[278] Dabei besteht das Markenvertrauenskonstrukt aus zwei Dimensionen: der *brand reliability* und der *brand intention*. Die brand reliability (Markenzuverlässigkeit) repräsentiert kognitive Vertrauensaspekte, wie gleich bleibendes

[273] Vgl. Trommsdorff/Götze/Herm (2006), S. 1266.
[274] Vgl. Willamsion (1993), S. 463.
[275] Vgl. Aaker (1997), S. 348.
[276] Vgl. Fournier (1998), S. 344 f.
[277] Delgado-Ballester/Munuera-Alemán (2001), S. 1242.
[278] Delgado-Ballester/Munuera-Alemán (2001), S. 1242.

Qualitätsniveau oder den Grad der Nutzenstiftung, während die brand intention (Markenintention) emotionale und affektive Wurzeln verkörpert.[279] Markenvertrauen stellt demnach ein Sicherheitsgefühl bzgl. bestimmter Marken dar, das aus der Übertragung von positiven Erwartungen auf diese Marken entsteht. *Abbildung 4* soll die Zusammensetzung des Markenvertrauens verdeutlichen:

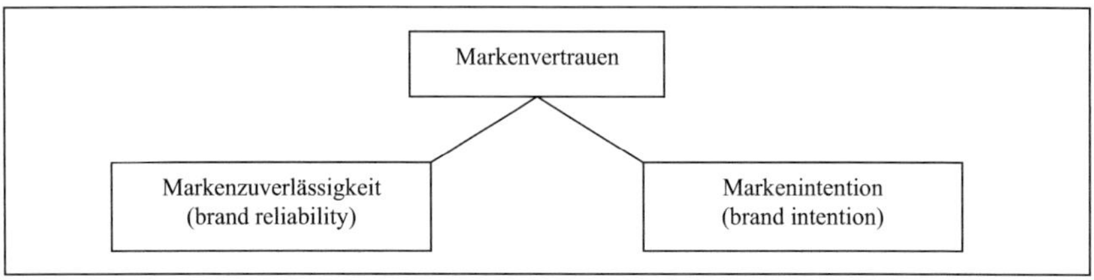

Abbildung 4: Dimensionen des Markenvertrauens

Marken gelangen zu einer immer größer werdenden Bedeutung für den Konsumenten. Konsumenten orientieren sich eher an Marken, während physische Produktunterschiede kaum noch bemerkt werden. Marken haben dabei nicht nur eine Selektionsfunktion, sie verfügen über ein erhebliches Potenzial zur Kundenbindung, da sie einen Beziehungspartner des Konsumenten darstellen können.[280] „A brand relationship is a logical extension of the idea of a brand personality",[281] da Konsumenten nicht nur physische Attribute der Marke beurteilen, sondern auch qualitative Urteile fällen, die prüfen, inwiefern es der Markenpersönlichkeit gelingt, ihre eigene Persönlichkeit zu beeinflussen.[282] Somit stellt die Markenpersönlichkeit die Grundlage für die Entstehung einer Beziehung zwischen Konsument und Marke dar. Je eher sich der Konsument mit der Persönlichkeit der Marke identifizieren kann, desto wahrscheinlicher wird er eine Beziehung zu der Marke aufbauen. In der Literatur beschäftigen sich vor allem *Aaker* und *Fournier* mit der Beziehung zwischen Konsument und Marke.[283] *Aaker* versteht dabei die Marke als Persönlichkeit,[284] wobei *Fournier* die Marke als aktiven Beziehungspartner des Konsumenten sieht.[285]

---

[279] Vgl. Delgado-Ballester/Munuera-Alemán (2001), S. 1242.
[280] Vgl. Kilian (2004), S. 11 f.
[281] Blackston (1992), S. 80.
[282] Vgl. Blackston (1992), S. 80.
[283] Vgl. z.B. Aaker (1997); Fournier (1998).
[284] Vgl. Aaker (1997), S. 348.
[285] Vgl. Fournier (1998), S. 344 f.

Fournier zeigt, dass es wichtig ist, die Marke als aktiven Teilnehmer beim Aufbau einer Beziehung zu verstehen. Damit eine Beziehung zwischen Konsument und Marke möglich wird, müssen die beiden Beziehungspartner unabhängig voneinander sein. Das bedeutet, dass beide Partner einen Einfluss auf die Beziehung nehmen und diese definieren können.[286] Dabei müssen sowohl die Einstellungen und Verhaltensweisen der Konsumenten als auch die der Marke zueinander berücksichtigt werden.[287] Dadurch ist die Entstehung einer wechselseitigen Beziehung möglich, die mit einer Beziehung zwischen Menschen vergleichbar ist. Die Marke wird durch eine interaktive Marketingkommunikation zu einem reziproken Partner, d.h. sie wird zu einem aktiven Teil der Beziehung.[288] Die Marketingaktionen stellen ein Bündel von Verhaltensweisen dar, aus denen Rückschlüsse auf die Persönlichkeit der Marke gezogen werden können. Die Verhaltensweisen der Marke wirken dann schließlich auf die Qualität der Beziehung von Kunde und Marke.[289]

Ein umfassender Ansatz zur Definition der Beziehungsqualität zwischen Konsument und Marke entwickelte *Fournier*. Das Konstrukt der Markenbeziehungsqualität besteht aus sechs Dimensionen: Liebe und Leidenschaft, Verknüpfung der Marke mit der eigenen Identität, Bindung, Interdependenz, Intimität und der Qualität der Marke als Partner. Deutlich wird, dass das Konstrukt affektiv-betonte (z.B. Liebe/Leidenschaft) Facetten, aber auch kognitive Glaubensvorstellungen (z.B. Intimität und Qualität der Marke) sowie auch konative Komponenten (Interdependenz und Bindung) aufweist.[290] Markenbeziehungsqualität soll in dieser Untersuchung wie in der Untersuchung von *Aaker*, *Fournier* und *Brasel* um die Dimensionen Liebe, Leidenschaft, Interdependenz und Partnerqualität reduziert und um die Dimension Zufriedenheit ergänzt werden. Es besteht somit aus Intimität, Selbstbezug, Commitment und Zufriedenheit.[291] Die Intimität ist „…a deep understanding about the relationship partners as created through information disclosure“.[292] Die Facette Selbstbezug umfasst Themen der Identität. Die Commitment-Dimension kann als Zusammenfassung der konativen Facetten in Fourniers ursprünglicher Arbeit angesehen werden. Die Zufriedenheitsfacette enthält sowohl

[286] Vgl. Fournier (1998), S. 344.
[287] Vgl. Blackston (1992), S. 82.
[288] Vgl. Fournier (1998), S. 345.
[289] Vgl. Fournier (1998), S. 345.
[290] Vgl. Fournier (1998), S. 363.
[291] Vgl. Aaker/Fournier/Barsler (2004), S. 7. im Original: intimacy, self-connection, commitment, satisfaction.
[292] Aaker/Fournier/Barsler (2004), S. 7.

emotionale Elemente wie auch Elemente der Partnerqualität.[293] *Abbildung 5* soll die Zusammensetzung der Markenbeziehungsqualität grafisch verdeutlichen.

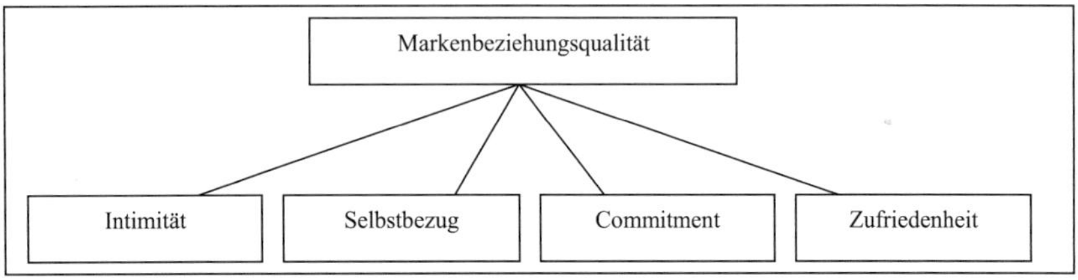

Abbildung 5: Dimensionen der Markenbeziehungsqualität

3.2.2 Einstellung gegenüber dem Avatar als Determinante von Markenvertrauen, Markenloyalität und Markenbeziehungsqualität

Um den Zusammenhang zwischen der Einstellung des Rezipienten bzw. Konsumenten gegenüber dem Avatar und des Verhaltens bzw. der Verhaltensabsichten des Konsumenten zu erklären, eignet sich die Balancetheorie von *Heider*.[294] Der Balancetheorie entsprechend sind Menschen harmoniebedürftig und streben nach einem kognitiven Gleichgewicht ihrer Gedanken. Der Mensch möchte Konsistenz zwischen einer Dreiergruppe von verbundenen Einstellungen herstellen. Die Einstellung des Menschen, einer anderen Person und einem Einstellungsobjekt sollen im Einklang sein. Die drei Elemente sind in einem Dreieck relational miteinander verbunden.[295] *Heider* nimmt an, dass die Wahrnehmungen bzw. Einstellungen eines Menschen nur dann im Einklang sind, wenn der Mensch die verschiedenen Beziehungen als ausgeglichen empfindet.[296] Werden von dem Menschen die andere Person und das Einstellungsobjekt unterschiedlich wertgeschätzt, passt der Mensch seine Einstellung so an, dass er einen inneren ausgeglichenen Zustand der Harmonie erreicht.[297] Übertragen auf den Kontext dieser Untersuchung bedeutet das, dass der Mensch den Empfänger der Kommunikationsbotschaft, die andere Person den Avatar und das Einstellungsobjekt eine Marke darstellt.

[293] Vgl. Aaker/Fournier/Barsler (2004), S. 7.
[294] Heider (1978), S. 269.
[295] Vgl. Heider (1978), S. 270.
[296] Vgl. Heider (1977), S. 238.
[297] Vgl. Heider (1977), S. 246 f.

Um die Konsument-Avatar Dyade zu erklären, kann man auf die Theorie der parasozialen Interaktion zurückgreifen. *Horton* und *Wohl* zeigten, dass Menschen mit einer medial vermittelten Figur, wie z.B. einem Moderator, sozial agieren und der Aufbau einer Beziehung zu diesem möglich ist.[298] Ausgangspunkt dafür ist die „illusion of a face-to-face relationship".[299] Damit diese Erkenntnisse auf Avatare übertragbar sind, müssen diese als soziale Wesen wahrgenommen werden, d. h., dass Menschen Avatare als Personen ansehen müssen.[300] Bereits *Moon* und *Nass* zeigten, dass schon schwache Anzeichen sozialen Verhaltens des Computers genügten, um Menschen zu veranlassen, mit dem Computer menschenähnlich zu interagieren.[301] Der Konsument erstrebt also eine Konsistenz der Einstellungen der Dreiergruppe. Wenn ein Konsument den Avatar mag, der Avatar die Marke mag, wird der Konsument folglich auch die Marke mögen.[302] Eine positive Einstellung gegenüber dem Avatar wirkt sich also auf eine positive Einstellung gegenüber der Marke aus. Markenvertrauen stellt ein Sicherheitsgefühl bzgl. bestimmter Marken dar, das aus der Übertragung von positiven Erwartungen auf diese Marken entsteht.[303] Die Übereinstimmung der Einstellung von Konsument und Avatar zu dem Einstellungsobjekt, also der Marke, fördert eine vertrauensvolle Beziehung zwischen den beiden. Aus den Erkenntnissen der Balancetheorie von *Heider* kann der folgende Zusammenhang vermutet werden:

H_7:	Je positiver die Einstellung des Konsumenten gegenüber dem Avatar, desto größer ist das Markenvertrauen des Konsumenten.

Die Theorie des überlegten Handelns von *Fishbein* und *Ajzen* soll zur Erklärung des Einflusses der Einstellung gegenüber dem Avatar auf die Markenloyalität dienen. Die Theorie des überlegten Handelns spezifiziert die kausalen Beziehungen zwischen Einstellungen und Verhalten. Die Theorie des geplanten Verhaltens ist eine Weiterentwicklung der Theorie des vernünftigen Handelns. *Fishbein* und *Ajzen* postulierten den determinierenden Einfluss der Verhaltensabsichten des Individuums. Verhaltensabsichten werden von drei Komponenten beeinflusst: zum einen von der Einstellung zum Verhalten, zum anderen von der subjektiven Norm

[298] Vgl. Horton/Wohl (1956), S. 216.
[299] Horton/Wohl (1956), S. 215.
[300] Vgl. Hartmann/Klimmt/Vorderer (2001), S. 354.
[301] Vgl. Nass/Steuer/Tauber (1994), S. 72.
[302] Vgl. Russell/Stern (2006), S. 10. (balance theory vor dem Hintergrund: consumers, characters and products)
[303] Vgl. Delgado-Ballester/Munuera-Alemán (2001), S. 1242.

und von der subjektiven Kontrollüberzeugung bzgl. des Verhaltens. Damit schließen *Ajzen* und *Fishbein* gewohntes und automatisiertes Verhalten aus. Es wird also *das willentlich kontrollierte Verhalten* betrachtet. Diesen Willen stellen *Fishbein* und *Ajzen* in dem Konstrukt Verhaltensabsicht dar, das sie vom Einstellungskonzept abgrenzen.[304] Die Intention bestimmt als einzige Determinante des Verhaltens zwischen Einstellung und Verhalten.[305] *Ajzen* beschreibt die Intention als die wahrgenommene Wahrscheinlichkeit, mit der eine Person eine Handlung zu einem späteren Zeitpunkt durchführt.[306] Eine Korrelation zwischen der Verhaltensabsicht und dem Verhalten konnte in Studien bestätigt werden.[307] *Fazio* zeigte die Bedeutung der Einstellung gegenüber dem Objekt. Vorteilhaft ist die leichtere kognitive Zugänglichkeit der Einstellung gegenüber dem Objekt als der Einstellung gegenüber dem Verhalten. Bestimmte Reize aktivieren automatisch die Einstellung gegenüber einem Objekt im Gedächtnis des Individuums.[308]

Übertragen auf den Marketingkontext bzw. auf diese Untersuchung bedeutet das, dass die Einstellung gegenüber dem Avatar den Platz der, im Rahmen der Theorie des überlegten Handelns hergeleiteten, Einstellung gegenüber dem Verhalten einnimmt. Die Einstellung gegenüber dem Avatar bestimmt nach der Theorie des überlegten Handelns die Markenloyalität. Im Speziellen beeinflusst die Einstellung gegenüber dem Avatar die Dimension der Verhaltensabsicht des Markenloyalitätskonstrukts. D.h. die Einstellung gegenüber dem Avatar bestimmt die Weiterempfehlungsabsicht, die Wiederkaufsabsicht und die Zusatzkaufabsicht (Cross-Selling-Potenzial) des Konsumenten. Man gelangt demnach zu folgender Hypothese:

H_8: Je positiver die Einstellung des Konsumenten gegenüber dem Avatar, desto größer ist die Markenloyalität des Konsumenten.

Die Balancetheorie von *Heider* kann auch zur Erklärung des Einflusses der Einstellung des Konsumenten gegenüber dem Avatar auf die Markenbeziehungsqualität herangezogen werden. Die Einstellung des Menschen, einer anderen Person und einem Objekt bzw. einer weiteren anderen Person, sollen im Einklang sein. Die drei Elemente sind in einem Dreieck relatio-

[304] Vgl. Ajzen (1988), S. 122 f.
[305] Vgl. Harrel/Bennet (1974), S. 269 f.
[306] Vgl. Ajzen (1991), S. 181.
[307] Vgl. Harrel/Bennet (1974), S. 270.
[308] Vgl. Fischer/Wiswede (1997), S. 248 ff.

nal miteinander verbunden.[309] Marken lassen sich nach *Fournier* als aktiver Beziehungspartner des Konsumenten interpretieren.[310] Daher sollen nun die Einstellung des Konsumenten, die Einstellung des Avatars und die Einstellung des aktiven Beziehungspartners konsistent sein. Eine Übereinstimmung führt zu Harmonie auf Seiten des Konsumenten. Wenn der Konsument also den Avatar mag und der Avatar die Marke mag, wird der Konsument folglich auch den aktiven Beziehungspartner mögen. Somit gelangt man zu folgender Hypothese:

H_9:	Je positiver die Einstellung des Konsumenten gegenüber dem Avatar, desto stärker ist die Markenbeziehungsqualität des Konsumenten.

3.2.3 Interdependenzen zwischen Markenvertrauen, Markenbeziehungsqualität und Markenloyalität

Das Vertrauenskonstrukt wird mit dem Beziehungsmarketing in Verbindung gebracht. Vertrauen weist dabei eine positive Wirkung auf die Beziehungsqualität[311] bzw. auf die Loyalität[312] oder das Commitment[313] auf. *Morgan* und *Hunt* erkannten, dass Vertrauen essentiell und somit der Schlüssel zu erfolgreichen Geschäftsbeziehungen ist. Dass Vertrauen eine positive Wirkung auf eine Beziehung hat und diese stärkt, kann auf drei hauptsächliche Funktionen des Konstrukts zurückgeführt werden. Vertrauen reduziert das Risiko, durch ein mögliches opportunistisches Verhalten des Verkäufers bzw. Beziehungspartners, benachteiligt zu werden. Außerdem erhöht sich der Optimismus in den Beziehungspartner, dass kurzzeitige Unstimmigkeiten auf längere Sicht gelöst werden können. Des Weiteren bedingt Vertrauen eine Reduzierung der Transaktionskosten der wechselseitigen Beziehung.[314] Somit besteht auf beiden Seiten Interesse, die Beziehung zu erhalten und daraus Vorteile zu ziehen.[315]

Zu ähnlichen Ergebnissen kamen auch *Chauduri* und *Holbrook*. Sie untersuchten unter anderem den Einfluss von Markenvertrauen auf die Markenloyalität. Demnach verfügen Konsumenten nicht über alle erforderlichen Informationen bei Produktkäufen, so dass die resultierende Informationsasymmetrie als ein Risiko wahrgenommen wird. Dieses Risiko versucht

[309] Vgl. Heider (1978), S. 270.
[310] Vgl. Fournier (1998), S. 344 f.
[311] Vgl. z.B. Ganesan (1994); Garbarino/Johnson (1999).
[312] Vgl. z.B. Lau/Lee (1999); Delgado-Ballester/Munuera-Alemán (2001); Chauduri/Holbrook (2001).
[313] Vgl. z.B. Morgan/Hunt (1994).
[314] Vgl. Ganesan (1994), S. 3.
[315] Vgl. Ganesan (1994), S. 3.

der Konsument durch eine Auswahl vertrauenswürdiger Marken zu verringern. *Chauduri* und *Holbrook* stellten fest, dass „trust reduces the uncertainty in an environment in which consumers feel especially vulnerable because they know they can rely on the trusted brand".[316]

Zusammenfassend kann man sagen, dass Konsumenten sich eher auf einfache Entscheidungshilfen oder Marken verlassen, je schwieriger und riskanter sich eine Kaufentscheidung darstellt. Das Vertrauen in eine Marke führt auf Konsumentenseite zu einer Komplexitäts- und Risikoverminderung. Der Konsument ist bestrebt Risiko und Komplexität zu reduzieren, weshalb er eine vertrauensvolle und für ihn wertvolle Beziehung aufrechterhalten möchte.[317] Aus den getroffenen Begründungen erhält man folgende Hypothese:

H_{10}: Je größer das Vertrauen in eine Marke, desto größer ist die Markenloyalität des Konsumenten.

Um den Einfluss der Markenbeziehungsqualität auf die Markenloyalität erklären zu können, ist es sinnvoll, auf das Investitionsmodell von *Rusbult*[318] zurückzugreifen, welches auf der Austauschtheorie (Exchange-Theorie) von *Thibaut* und *Kelley*[319] basiert. Nach *Thibaut* und *Kelley* gibt es zwei wesentliche elementare Merkmale, die das Verbleiben in einer Beziehung bestimmen. Diese zwei Merkmale sind die Bindung (Commitment) und die Zufriedenheit. Durch hohe Belohnungen und niedrige Kosten sowie durch die relative Höhe dieser Größen im Vergleich zu bestehenden Erwartungen bzgl. der Beziehung wird die Zufriedenheit mit der Beziehung gestärkt. Die Bindung an eine Beziehung zeigt, wie sehr der Beziehungspartner geneigt ist, eine Beziehung aufrechterhalten zu wollen und sich gebunden zu fühlen. Nach dem Investitionsmodell wird eine Beziehung durch drei Einflüsse bestimmt: Zufriedenheit, Qualität von anderen Beziehungen und Investitionen. Die Qualität bezieht sich dabei auf die persönliche Einschätzung der Attraktivität von alternativen Beziehungen im Vergleich zu der bestehenden Beziehung. Daraus kann man schließen, dass ein Individuum seine aktuelle Beziehung umso eher beendet, je höher die Qualität einer alternativen Beziehung eingeschätzt wird. Also wird ein Individuum in einer bestehenden Beziehung verbleiben, wenn die Qualität der bestehenden Beziehung höher eingeschätzt wird als die einer alternativen Beziehung.

[316] Chauduri/Holbrook (2001), S. 82.
[317] Vgl. Chauduri/Holbrook (2002), S. 41 f.
[318] Vgl. zum Investitionsmodell: Fischer/Wiswede (1997), S. 394 f.
[319] Vgl. zur Exchange-Theorie: Fischer/Wiswede (1997), S. 390 ff.

Auf den Markenkontext übertragen bedeutet das, dass der Konsument eine Beziehung zur Marke aufrechterhalten möchte, wenn dieser eine hohe Markenbeziehungsqualität wahrnimmt. D.h. er wird die Qualität anderer Marken als geringer einschätzen und der bestehenden Marke gegenüber loyal sein. In der Literatur gibt es zahlreiche Untersuchungen, die einen positiven Zusammenhang zwischen der Zufriedenheit und der Loyalität postulieren. Zahlreiche Forscher modellieren Zufriedenheit als zentrale Determinante der Markenloyalität.[320] Es wird angenommen, dass die Zufriedenheit einen positiven Einfluss auf die Loyalität hat und sich somit positiv auf den Unternehmenserfolg auswirkt.[321] *Taylor* und *Baker* konnten einen positiven Einfluss der Kundenzufriedenheit auf das Wiederkaufsverhalten feststellen.[322] *Jamal* und *Goode* fanden bei zufriedenen Kunden über das Wiederkaufsverhalten hinaus ein erhöhtes Cross-buying Potenzial.[323]

Zur Erklärung der Wirkung der Zufriedenheit auf die Loyalität eignen sich besonders verhaltenstheoretische Ansätze, wie die Theorie der kognitiven Dissonanz, die Risikotheorie und die Lerntheorie.[324] In Anlehnung an die Theorie der kognitiven Dissonanz ist die Loyalität als ein Bedürfnis eines zufriedenen Kunden anzusehen, drohende Wissens-, Meinungs- und Erfahrungsdissonanzen im Falle eines Markenwechsels zu vermeiden. Kundenzufriedenheit wird also vom Konsumenten als ein positiver psychologischer Gleichgewichtszustand empfunden, den der Konsument erhalten möchte und daher eine zufrieden stellende Marke wiederkauft bzw. sich dieser gegenüber loyal verhält.[325] Durch die Risikotheorie wird noch ein anderer Aspekt des loyalen Verhaltens aufgezeigt. Das Markenwahlverhalten des Konsumenten ist nach dieser Theorie besonders von der Unsicherheit des Konsumenten bzgl. möglicher Konsequenzen seiner Entscheidung (Unzufriedenheit durch Markenwechsel) abhängig. Um das Risiko der Unzufriedenheit zu verringern, wird er daher einen Wechsel der Marke vermeiden und der aktuellen Marke treu bleiben.[326] Die Lerntheorie besagt, dass vergangene Konsequenzen und Verhaltensweisen das zukünftige Verhalten einer Person bestimmen. Die Person wird Verhaltensweisen beibehalten, die in der Vergangenheit für sie gewinnbringend waren.[327]

[320] Vgl. z. B. Hermann/Huber (1997); Homburg/Giering (2001).
[321] Vgl. Hermann (1998), S. 304 ff; Homburg/Giering (2001), S. 46.
[322] Vgl. Taylor/Baker (1994), S. 170 ff.
[323] Vgl. Jamal/Goode (2001), S. 484.
[324] Vgl. Homburg/Giering/Hentschel (2000), S. 90.
[325] Vgl. Homburg/Giering/Hentschel (2000), S. 90.
[326] Vgl. Homburg/Giering/Hentschel (2000), S. 91 f.
[327] Vgl. Homburg/Giering/Hentschel (2000), S. 91.

Markenzufriedenheit, die aus positiven Erfahrungen entsteht, führt demnach zu einem Wiederkauf der Marke und zu einer Bindung des Konsumenten zu dieser Marke.

Aus den Erkenntnissen der Zufriedenheitsforschung und des Investitionsmodells kristallisieren sich Zufriedenheit und Commitment als Bestimmungsgrößen der Markenloyalität heraus. Folgende Hypothese kann aus den gewonnenen Erkenntnissen gebildet werden:

H_{11}:	Je größer die Markenbeziehungsqualität des Konsumenten, desto größer ist die Markenloyalität des Konsumenten.

3.3 Flow und Produktinvolvement als moderierende Variablen

Die dargestellten kausalen Zusammenhänge variieren in Abhängigkeit von den zwei moderierenden Größen Flow und Produktinvolvement. Das Flowkonstrukt wurde von *Csikszentmihalyi* erforscht.[328]

Flow ist ein Zustand, in dem eine Person völlig ihre Umgebung vergisst, in die Ausübung der Aufgabe versinkt und sich nicht durch die Außenwelt ablenken lässt. Flow wird als ein Gefühl tiefer Freude beschrieben und „mit dem Fortgetragenwerden durch eine äußere Macht, der mühelosen Bewegung in einem Strom von Energie, dem vollständigen Aufgehen in einer Aufgabe“ [329] verglichen. Eine solche angenehme Erfahrung macht ein Individuum typischerweise bei Aktivitäten mit geringen extrinsischen Belohnungen, wie z.B. beim Auto fahren, Schach spielen, Spielen mit Kindern oder Tanzen.

Es konnten drei Größen bestimmt werden, die die Voraussetzung für das Entstehen von Flow darstellen. Die wahrgenommene Kontrolle, welche aus einem Gleichgewicht zwischen den individuellen Fähigkeiten des Individuums und den Herausforderungen an das Individuum entsteht,[330] bewirkt eine intrinsische Motivation, da das Individuum das Gefühl hat, das Ergebnis der Aktivität selbst beeinflussen zu können.[331] Zudem wird das Auftreten von Flow durch Aktivierung gefördert, da eine Aktivität des Individuums nur dann Vergnügen bereitet,

[328] Vgl. z.B. Csikszentmihalyi (1996, 2006).
[329] Vgl. Csikszentmihalyi (2006), S. 162.
[330] Vgl. Csikszentmihalyi (1996), S. 62 f.
[331] Vgl. Deci (1975), S. 61.

wenn diese als stimulierend empfunden wird.[332] Schließlich fördert noch die Konzentration des Individuums eine Verminderung des Bewusstseins.[333] Sind die Anforderungen an das Individuum zu hoch, resultiert daraus ein Zustand der Angst, übersteigen die Fähigkeiten jedoch die Anforderungen der Aufgabe, stellt sich auf Seite des Individuums Langeweile ein. Flow-Erlebnisse treten demnach ein, wenn die Herausforderungen auf der einen Seite und die Fähigkeiten des Individuums auf der anderen Seite nicht nur übereinstimmen, sondern auch ein gewisses Niveau übersteigen.[334] Flow wird von mehreren Forschungsdisziplinen untersucht, wobei besonderes Interesse auf der Erklärung intrinsischer Motivation und den damit verbundenen Verhaltensweisen liegt. Studien beschäftigen sich mit den Bereichen Arbeit und Freizeit,[335] Lernmotivation,[336] Sport[337] oder auch mit Computertechnologien.[338]

Im Kontext dieser Untersuchung kann angenommen werden, dass Online-Angebote, die eine Immersion des Nutzers erlauben, das Flow-Gefühl erhöhen können. Für Computerspiele konnte gezeigt werden, das diese ein Flow-Gefühl beim Spielenden erzeugen können.[339] *Trevino* und *Webster* zeigen, dass bei der Interaktion mit einem Computer, z.B. durch E-Mail, oder bei der Arbeit mit einem Computer ein Flow-Gefühl entstehen kann.[340] *Bauer*, *Grether* und *Bormann* stellen fest, dass der Internetnutzer einen zusätzlichen Anreiz hat, ein Onlineangebot zu nutzen, wenn dieser ein Flow-Gefühl verursacht.[341] *Novak*, *Hoffmann* und *Yung* entwickelten ein Flow-Modell für das Internet. Das Modell sieht wie auch das ursprüngliche Modell von *Csikszentmihalyi*, Kontrolle, Aktivierung und Konzentration als Voraussetzungen für das Entstehen von Flow an. Die Kontrolle wird hierbei als Telepräsenz vermittelt, die den Zustand des verminderten Bewusstseins der realen Umgebung bezeichnet. Telepräsenz löst ein verzerrtes Zeitgefühl aus, führt zu exploratorischem Verhalten, das sich durch das Verweilen und das Erforschen einer Internetseite kennzeichnen lässt.[342] *Bauer*, *Mäder* und *Fischer* zeigen, dass hauptsächlich das empfundene Vergnügen, welches einen Flowbestandteil darstellt, und die empfundene Informationsqualität die Einstellung zu einer Markenhomepage

[332] Vgl. Berlyne (1978), S. 124 f.
[333] Vgl. Maslow (1971), S. 63 ff.
[334] Vgl. Csikszentmihalyi (1996), S. 75 f.
[335] Vgl. z.B. Lefevre (1988).
[336] Vgl. z.B. Massimi/Carli (1988).
[337] Vgl. z.B. Csikszentmihalyi (1996), Kapitel 6 und 7 (Klettern und Tanzen).
[338] Vgl. z.B. Trevino/Webster (1992); Ghani/Desphandé (1994).
[339] Vgl. Fritz (1997), S. 213.
[340] Vgl. Trevino/Webster (1992), S. 564.
[341] Vgl. Bauer/Grether/Bormann (2001), S. 25.
[342] Vgl. Novak/Hoffmann/Yung (2000), S. 29 f.

beeinflussen können.[343] Des Weiteren belegen sie, dass sich eine positive Einstellung gegenüber der Markenhomepage auf die Einstellung zur Marke überträgt.[344] Es ist also anzunehmen, dass in Abhängigkeit von einem Flow-Gefühl unterschiedliche Einstellungswirkungen sowie unterschiedliche Wirkungen auf die im Modell existierenden Markenkonstrukte zum Tragen kommen. Somit ergibt sich die folgende Hypothese:

H_{12}: Die Stärke der Konstruktzusammenhänge des aufgestellten Modells zur Analyse des Einflusses von Avataren unterscheidet sich bei Personen mit hohem und niedrigem Flow-Gefühl signifikant voneinander.

Ferner können die postulierten Zusammenhänge in Abhängigkeit vom Produktinvolvement variieren. Das Produktinvolvement lässt sich als ein andauerndes Interesse eines Konsumenten an einer Produktkategorie verstehen, welches in der Nähe zum eigenen Selbst begründet liegt. *Beatty*, *Kahle* und *Homer* beschreiben Produktinvolvement als „the importance of the product to the individual and to the individual's self concept, values, and ego".[345] Involvement bestimmt den Einfluss auf das Käuferverhalten, im Speziellen auf die Informationsverarbeitung und die Einstellungsbildung. Studien belegen, dass hoch involvierte Konsumenten ein größeres Bedürfnis nach Informationen haben und diese besser verarbeiten als gering involvierte Konsumenten. Da hoch involvierte Konsumenten Informationen kognitiv verarbeiten, haben sie bei der Einstellungsbildung höhere Ansprüche an die Qualität der Argumente und an die Glaubwürdigkeit der Quelle als wenig involvierte Konsumenten. Wenig involvierte Konsumenten reagieren eher auf bildliche als auf thematische Informationen.[346]

Gemäß dem Elaboration Likelihood Modell nutzen Rezipienten Merkmale der Quelle als periphere Hinweisreize oder einfache Entscheidungsregeln für die Urteilsbildung. Diese Merkmale wirken sich demzufolge auf die Einstellungen aus, wenn die Verarbeitungsbereitschaft bzw. die Verarbeitungsfähigkeit der Rezipienten gering ist. Weiterhin kann davon ausgegangen werden, dass sich auch die anderen im Modell postulierten Beziehungen bei hohem oder niedrigem Produktinvolvement hinsichtlich ihrer Stärke unterscheiden. Denn das vom Pro-

[343] Vgl. Bauer/Mäder/Fischer (2003), S. 236.
[344] Vgl. Bauer/Mäder/Fischer (2003), S. 237.
[345] Beatty/Kahle/Homer (1988), S. 150.
[346] Vgl. Foscht/Schoboda (2007), S. 122.

duktinvolvement abhängige Maß der Informationssuche und -verarbeitung könnte Wirkungen auf die Einstellung gegenüber dem Avatar oder auf die Markenkonstrukte haben. Daher gilt:

H_{13}:	Die Stärke der Konstruktzusammenhänge des aufgestellten Modells zur Analyse des Einflusses von Avataren unterscheidet sich bei hohem und niedrigem Produktinvolvement signifikant voneinander.

Abschließend soll *Abbildung 6* die vermuteten Zusammenhänge grafisch darstellen.

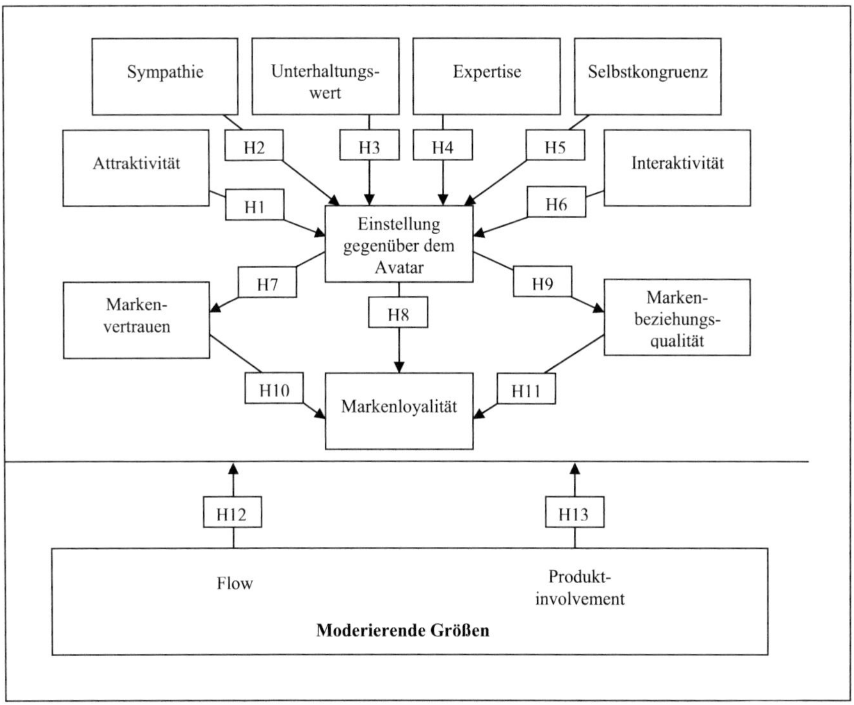

Abbildung 6: Hypothesensystem des Gesamtmodells

4 Empirische Überprüfung des Modells zur Erklärung des Einflusses von Avataren auf die Markenloyalität im E-Commerce

4.1 Konzeption der empirischen Studie und deskriptive Auswertungen

Bei der Konzeption der Studie zur Erhebung des benötigten empirischen Datenmaterials ist zunächst die Methode zur Erfassung der Daten festzulegen. Da die Studie den Einfluss von Avataren als virtuelle Berater im Internet untersucht, wurde eine Online-Befragung durchgeführt. Aufgrund der rasanten Entwicklung der Internetnutzer-Zahlen stellt die Online-Befragung ein geeignetes Instrument dar.[347] Eine weitere zu treffende Entscheidung bei der Konzeption der Studie war die Auswahl eines geeigneten Avatars und einer dazugehörigen Marke. Dazu wurde im Vorhinein ein Pretest durchgeführt.[348] Es wurden jeweils 20 Personen zu vier verschiedenen Avataren befragt. Die vier Avatare des Pretest waren Eve[349], Anna[350], der InfoFuchs[351] und Clara.[352] Der Pretest sollte die Verständlichkeit der Fragen und die Zeitdauer der Befragung kontrollieren. Außerdem sollte sichergestellt werden, dass die Bewertung des Avatars durch die Befragten ausreichend Varianz aufweist.[353]

Die Auswahl fiel schließlich auf Anna und somit auf die Marke Ikea. Die große Bekanntheit und ein häufiges Besuchen der Ikeawebseite waren zentrale Gründe für die Auswahlentscheidung.[354] Die Verbraucher- und Marktanalyse (VuMA) 2008 zeigt, wie stark Individuen in Deutschland an bestimmten Produktkategorien interessiert sind. Laut der VuMA 2008 sind rund 46% der Befragten sehr bis etwas interessiert an Möbeln bzw. Einrichtungsgegenständen.[355] Insgesamt nahmen 154 Auskunftspersonen an der Befragung teil. Davon waren 48,7% Männer und 51,3% Frauen. 55,2% der Befragten haben Abitur gemacht, 20,8% erreichten einen Universitätsabschluss, die übrigen 24% verteilen sich auf einen Realschulabschluss, Hauptschulabschluss oder einen sonstigen Abschluss. Mit 37% stellten Studenten die größte Gruppe der Teilnehmer und mit 25% die Angestellten die zweitgrößte Befragungsgruppe dar. Die übrigen 38% unterteilten sich in Schüler, Beamte, Auszubildende, Selbstständige, Hausfrauen bzw. Hausmänner, Rentner, Arbeitssuchende und sonstige Berufe. Das Alter der Aus-

[347] Vgl. Nieschlag/Dichtl/Hörschgen (2002), S. 563 ff.
[348] Vgl. zum Pretestfragebogen, Anhang, Anlage 1.
[349] Vgl. http://www.yellostrom.de/, letzter Abruf: 2.5.2008.
[350] Vgl. http://www.ikea.com/de/, letzter Abruf: 2.5.2008.
[351] Vgl. http://www.schwaebisch-hall.de/, letzter Abruf: 2.5.2008.
[352] Vgl. http://www.die-gesundheitsreform.de/index.html, letzter Abruf: 2.5.2008.
[353] Vgl. Schwarze (2001), S. 83, 87 f.
[354] Vgl. Ikea Daten & Fakten (2007), S. 14.
[355] Vgl. VuMA (2008), S. 14.

kunftspersonen wurde in Kategorien gemessen. *Abbildung 7* stellt die Altersstruktur grafisch dar.

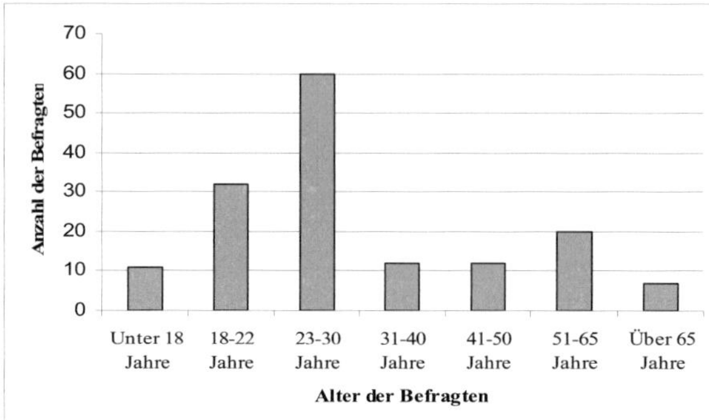

Abbildung 7: Altersstruktur der Befragten

4.2 Partial Least Squares als Verfahren zur Modellschätzung

Um die postulierten Beziehungen empirisch zu untersuchen, bietet sich die Anwendung von Strukturgleichungsmodellen an. Mit deren Hilfe werden latente Variablen (nicht beobachtbare Konstrukte), die nicht direkt messbar sind, über so genannte Messmodelle anhand von Frageindikatoren gemessen.[356] Strukturgleichungsmodelle machen es zum einen möglich, die Güte der Konstruktmessungen bzgl. der Reliabilität und Validität zu prüfen, zum anderen ermöglichen sie es die Stärke der Beziehungen zwischen den Konstrukten zu schätzen.[357] Die Zusammenhänge zwischen den latenten Variablen werden als Abhängigkeiten zwischen den Blöcken der manifesten Variablen (Messmodelle).[358] Durch Literaturrecherche, Experteninterviews und Inhaltsanalysen gelangt man an passende Indikatoren, einzelne Befragungsitems, welche die Operationalisierung des latenten Konstrukts ermöglichen.[359] Dabei ist es von großer Bedeutung zu bestimmen, ob ein Konstrukt mit reflektiven oder formativen Indikatoren zu operationalisieren ist. Es muss daher im formativen Fall geprüft werden, ob die Indikatoren definierende Eigenschaften des dahinterliegenden Konstrukts darstellen. Im formativen Fall ändert sich der Wert des Konstrukts, wenn sich mindestens eine Ausprägung eines Indikators verändert. Die Indikatoren stellen demnach die Ursache des Konstrukts dar. Im reflek-

[356] Vgl. Ringle u. a. (2006), S. 81.
[357] Vgl. Henseler (2005), S. 70.
[358] Vgl. Ringle (2004b), S. 9.
[359] Vgl. Homburg/Giering (1998), S. 128.

tiven Fall spiegeln die Indikatoren das Konstrukt wider. Sie repräsentieren das dahinterliegende Konstrukt.[360]

Die Beziehungen zwischen den einzelnen Konstrukten werden durch das Strukturmodell abgebildet. Man kann Strukturgleichungsmodelle allgemein in varianz- und kovarianzbasierte Verfahren untergliedern.[361] In dieser Studie sollen die Beziehungen zwischen den hypothetischen Konstrukten mit Hilfe der „Partial-Least-Squares-Pfadmodellierung (PLS)“[362] untersucht werden. PLS gehört zu den varianzbasierten Verfahren. Es generiert aus verschiedenen regressionsanalytischen Komponenten eine Schätzung für das vollständige Modell.[363] Die Abhängigkeiten zwischen latenten Variablen werden mit Hilfe von Kleinste-Quadrat-Schätzungen ermittelt. Daher benötigt PLS keine strikten Verteilungsannahmen. Die Schätzung kann auch schon mit kleinen Stichprobengrößen durchgeführt werden.[364] Es existiert kein Gütekriterium um den „globalen Modellfit“[365] zu beurteilen. Aus diesem Grunde muss die Gütebeurteilung durch eine getrennte Gütebeurteilung des Mess- und des Strukturmodell erfolgen.

Im Messmodell werden daher die im Folgenden kurz beschriebenen Kriterien geprüft. Die so genannten Konvergenzkriterien umfassen die Konstruktreliabilität und die durchschnittlich erfasste Varianz (DEV). Die Konstruktreliabilität zeigt, wie gut eine Messung des Konstrukts durch die Indikatoren gelingt. Die Konstruktreliabilität sollte einen Mindestwert von 0,7 aufweisen.[366] Die DEV prüft „wie hoch der durch einen Faktor erklärte Varianzanteil manifester Variablen in Relation zum nicht erklärten Varianzanteil ist“.[367] Es sollte dabei mindestens ein Wert von 0,6 erreicht werden.[368] Auch die Diskriminanzvalidität, „which represents the extent to which measures of a given construct differ from measures of other constructs in the same model“,[369] muss ermittelt werden. Nach *Fornell* und *Larcker* liegt Diskriminanzvalidität vor, wenn die DEV größer als jede quadrierte Korrelation einer latenten Variablen mit einem an-

---

[360] Vgl. Götz/Liehr-Gobbers (2004), S. 717 f.
[361] Vgl. Huber u. a. (2005), S. 6.
[362] Henseler (2005), S. 70.
[363] Vgl. Huber u.a. (2005), S. 10.
[364] Vgl. Henseler (2005), S. 70.
[365] Huber u. a. (2005), S. 36.
[366] Vgl. Ringle u. a. (2006), S. 87.
[367] Huber u. a.(2005), S. 32.
[368] Vgl. Huber u.a. (2005), S. 32.
[369] Hulland (1999), S. 199.

deren Konstrukt ist.[370] Im formativen Messmodell sollten die Konstruktkorrelationen geringer als 0,9 sein, damit die Diskriminanzvalidität erfüllt ist.[371] Die Vorhersagevalidität wird für reflektive Konstrukte durch *Stone-Geissers* Q^2 begutachtet. Q^2 sagt aus, wie gut eine Nachbildung der latenten Variablen durch die zugehörigen Indikatoren möglich ist. Liegt die Vorhersagevalidität über null, kann davon ausgegangen werden, dass das Modell Prognoserelevanz besitzt.[372] Die Unidimensionalität zielt auf eine klare Zuordnung der einzelnen Indikatoren auf je ein Konstrukt ab. Höhere Korrelationen der Indikatoren zu anderen Konstrukten sollten nicht vorliegen.[373] Um zu bewerten, ob Unidimensionalität vorliegt, wird mit Hilfe von SPSS eine Faktorenanalyse durchgeführt.[374] Ein letztes Kriterium der Güteprüfung auf Messmodellebene stellt die Prüfung auf ein Vorliegen von Mulitkollinearität im formativen Messmodell dar. Multikollinearität liegt vor, wenn sich ein Indikator als eine lineare Funktion anderer Indikatoren darstellen lässt. Multikollinearität sollte nicht vorliegen, da alle formativen Indikatoren einen selbstständigen Beitrag zur Erklärung des Konstruktes liefern. Um die Mulitkollinearität zu prüfen, wird mit Hilfe von SPSS der Varianzinflationsfaktor (VIF) berechnet, dabei werden paarweise Regressionen durchgeführt. Der VIF sollte einen kritischen Wert von 10 nicht übertreffen.[375]

Um die Güte des Strukturmodells zu ermitteln, interessiert das Bestimmtheitsmaß R^2, *Stone-Geissers* Q^2 und das mögliche Vorliegen von Multikollinearität. Die Strukturparameter werden einer Prüfung auf ihre Signifikanz unterzogen; das bedeutet die Modellverbindungen werden anhand von t-Werten auf ihre Signifikanz geprüft.[376]

4.3 Operationalisierung der Modellkonstrukte

4.3.1 Determinanten der Einstellung gegenüber dem Avatar

Die Determinanten der Einstellung des Rezipienten bzw. Konsumenten gegenüber dem Avatar sowie die anderen Konstrukte wurden auf einer 7-er Likert-Skala, mit den Endpunkten *stimme vollkommen zu*, *stimme gar nicht zu* gemessen. Des Weiteren wurden alle Determinanten, die die Einstellung des Konsumenten gegenüber dem Avatar beeinflussen mittels

[370] Vgl. Götz/Liehr-Gobbers (2004), S. 728.
[371] Vgl. Huber u. a. (2005), S. 35.
[372] Vgl. Huber u. a. (2005), S. 33 f.
[373] Vgl. Huber u. a. (2005), S. 33.
[374] Vgl. Huber u. a. (2007), S. 93.
[375] Vgl. Diamantopoulos/Winklhofer (2001), S. 271 f.; Backhaus u. a. (2006), S. 89 ff.
[376] Vgl. Ringle (2004a), S. 18 ff.; Ringle u. a. (2006), S. 86 f.

reflektiver Indikatoren operationalisiert. Reflektive Indikatoren stellen Repräsentanten des Konstruktes dar. Sie können ohne Probleme ausgetauscht werden. Die einzelnen Indikatoren sollten miteinander korrelieren. Die reflektiven Indikatoren spiegeln das Konstrukt in der Realität wider. Eine Veränderung des Konstrukts führt zu einer Veränderung der Ausprägungen aller Indikatoren.[377]

Attraktivität

Zur Messung der Attraktivität des Avatars wurden die von *Ohanian*[378] (1990) validierten Befragungsindikatoren übernommen. Die Items fanden auch bei *DeShields, Kara* und *Kaynak*[379] und bei *Praxmarer*[380] Verwendung. Die ursprünglichen Frageindikatoren wurden übersetzt und um die Items *classy* und *elegant* vermindert, da diese nicht auf den Kontext dieser Untersuchung passten. Stattdessen wurde das Item *ansprechend* wie auch bei *Praxmarer* hinzugefügt. Es gilt außerdem die Güte des reflektiven Modells auf Messmodellebene zu überprüfen. Dabei sind besonders die Faktorladungen und die t-Werte von Interesse. Die Faktorladungen sollten mindestens einen Wert von 0,7 aufweisen. Außerdem sollten die t-Werte, die die Signifikanz der Ladungen verkörpern, bei einem einseitigen Test (Niveau von 5%), einen Wert von 1,66 übertreffen.[381] Die einzelnen Items, die Faktorladungen und die t-Werte der Attraktivität sind in *Tabelle 1* dargestellt:

Items zur Messung der physischen Attraktivität	Faktorladung	t-Wert
1.1 Ich finde Anna attraktiv.	0,9167	40,1374
1.2 Ich finde Anna sexy.	0,8139	19,8085
1.3 Ich finde Anna ansprechend.	0,8787	48,3712

Konstruktreliabilität	DEV	Q^2	Quadrierte Korrelationen
0,904	0,758	0,4958	0,3528
			0,4045
			0,1082
			0,1190

Tabelle 1: Operationalisierung des Konstrukts physische Attraktivität

Neben den Faktorladungen und den t-Werten existieren weitere Kriterien, die einer Prüfung unterzogen werden sollten. Die Konvergenzkriterien, die Konstruktreliabilität und die durchschnittlich erfasste Varianz (DEV), müssen geprüft werden; darüber hinaus die Diskrimi-

377 Vgl. Huber u. a. (2007), S. 20.
378 Vgl. Ohanian (1990), S. 47.
379 Vgl. DeShields/Kara/Kaynak, (1996), S. 94.
380 Vgl. Praxmarer (2006), S. 452.
381 Vgl. Backhaus u .a. (2006), S. 808.

nanzvalidität und *Stone-Geissers* Q². Wie man aus *Tabelle 2* erkennen kann, sind die Konvergenzkriterien erfüllt. *Stone-Geissers* Q² ist größer als null, dem Konstrukt kann folglich Vorhersagerelevanz zugesprochen werden.

Nach dem *Fornell-Larcker-Kriterium* muss die DEV einer latenten Variablen größer sein als jede quadrierte Korrelation mit einem anderen Faktor. Aus der *Tabelle 2* wird ersichtlich, dass die Diskriminanzvalidität erfüllt ist. Eine Bewertung der Unidimensionalität machte deutlich, dass sich die Indikatoren der physischen Attraktivität auf Faktor 6 konzentrieren. Daher kann das Konstrukt der physischen Attraktivität diesem Faktor zugeordnet werden.[382]

Sympathie

Die Frageindikatoren zur Messung der Sympathie stammen von *Holtzwarth, Janiszewski* und *Neumann.*[383] Diese untersuchten in ihrer Studie den Einfluss von Avataren auf das Kaufverhalten von Online-Konsumenten. In *Tabelle 3* sind die einzelnen Frageitems aufgelistet:

Items zur Messung der Sympathie			**Faktorladung**	**t-Wert**
2.1 Meiner Meinung nach ist Anna sympathisch.			0,9543	91,9085
2.2 Meiner Meinung nach ist Anna freundlich.			0,9349	56,0537
2.3 Meiner Meinung nach ist Anna angenehm.			0,9613	111,4428
Konstruktreliabilität	**DEV**	**Q²**	**Quadrierte Korrelationen**	
0,965	0,903	0,7354	0,1296	
			0,3994	
			0,5285	
			0,0973	
			0,1927	

Tabelle 2: Operationalisierung des Konstrukts Sympathie

Wie *Tabelle 2* verdeutlicht übertreffen die Faktorladungen und die t- Werte die Mindestanforderungen von 0,7 bzw. 1,66[384] deutlich. Die Konvergenzkriterien und die Diskriminanzvalidität werden ebenfalls erfüllt. *Stone-Geissers* Q² übersteigt einen Wert von null, d.h. das Konstrukt hat Vorhersagevalidität. Die Indikatoren des Sympathiekonstrukts konzentrieren sich auf Faktor 2, so dass es diesem folglich eindeutig zugeordnet werden kann.[385] *Tabelle 4* stellt die Ergebnisse der Gütebeurteilung zusammenfassend dar:

[382] Vgl. Tabelle der Unidimensionalität, Anhang, Anlage 3.
[383] Vgl. Holzwarth/Janiszewski/Neumann (2006), S. 33.
[384] Vgl. Backhaus u. a. (2006), S. 808.
[385] Vgl. Tabelle der Unidimensionalität, Anhang, Anlage 3.

Unterhaltungswert

Die Items dieser Studie stammen von *Silberer, Engelhardt* und *Deiters,*[386] die die Wirkung von Streaming Media-Werbung untersuchten. Als Grundlage zur Entwicklung dieser Items dienten die Items von *Ghani* und *Deshpande.*[387] Die einzelnen Items wurden an den Kontext dieser Untersuchung angepasst. *Tabelle 3* zeigt die einzelnen Indikatoren, deren Ladungen und die zugehörigen t-Werte:

Items zur Messung des Unterhaltungswerts			**Faktorladung**	**t-Wert**
3.1 Ich bewerte Anna als unterhaltsam.			0,9053	76,1198
3.2 Anna hat mich begeistert.			0,8768	34,3203
3.3 Ich habe mich bei der Betrachtung von Anna amüsiert.			0,8115	14,0803
Konstruktreliabilität	**DEV**	**Q²**	**Quadrierte Korrelationen**	
0,962	0,749	0,4795	0,3203	
			0,3540	
			0,1714	
			0,3080	
			0,4316	
			0,4914	
			0,1049	
			0,1296	

Tabelle 3: Operationalisierung des Konstrukts Unterhaltungswert

Wie aus *Tabelle 3* ersichtlich wird, sind alle Faktorladungen höher als 0,7. Überdies übertreffen alle t-Werte einen Wert von 1,66. Auch die Konvergenzkriterien und die Diskriminanzvalidität sind erfüllt. *Stone-Geissers* Q^2 übertrifft einen Wert von null. Die Indikatoren des Konstrukts laden auf Faktor 7. Eine klare Zuordnung der einzelnen Indikatoren auf das Unterhaltungswertkonstrukt ist demnach möglich.[388]

Expertise

Die Indikatoren zur Messung der Expertise, also der Sach- bzw. Fachkenntnis des Avatars, stammen von *Ohanian.*[389] Die fünf Adjektive zur Messung der Expertise wurden komplett übernommen und schließlich für diese Studie übersetzt. Die weiteren Prüfgrößen entsprechen ebenfalls den Anforderungen. Die Indikatoren des Expertisekonstruktes laden auf Faktor 1.[390] Sie können also eindeutig diesem zugeordnet werden. *Tabelle 4* zeigt einen Überblick der Ergebnisse:

[386] Vgl. Silberer/Engelhardt/Deiters (2005), S. 19.
[387] Vgl. Ghani/Deshpande (1994), S. 390; Silberer/Engelhardt/Deiters (2005), S. 15.
[388] Vgl. Tabelle der Unidimensionalität Anhang, Anlage 3.
[389] Vgl. Ohanian (1990), S. 47.
[390] Vgl. Tabelle der Unidimensionalität, Anhang, Anlage 3.

Items zur Messung der Expertise			**Faktorladung**	**t-Wert**
4.1 Ich halte Anna für fachkundig.			0,9099	46,6161
4.2 Ich halte Anna für erfahren.			0,9368	57,5101
4.3 Ich halte Anna für klug.			0,8648	30,6715
4.4 Ich halte Anna für qualifiziert.			0,9459	84,4412
4.5 Ich halte Anna für ausgebildet.			0,9105	33,7827
Konstruktreliabilität	**DEV**	**Q²**	**Quadrierte Korrelationen**	
0,962	0,835	0,7358	0,3894	
			0,2218	
			0,3881	
			0,5432	
			0,5242	
			0,2199	
			0,2153	

Tabelle 4: Operationalisierung des Konstrukts Expertise

Selbstkongruenz

Im Rahmen der Operationalisierung der Selbstkongruenz wird zur Vermeidung Validitätsproblemen eine direkte Messung durchgeführt.[391] *Sirgy et al.* empfehlen eine auf sechs Indikatoren basierende Skala.[392] Die einzelnen Items wurden übersetzt und an den Kontext der Untersuchung angepasst. In *Tabelle 5* sind die einzelnen Frageitems, die Faktorladungen und t-Werte aufgeführt:

Items zur Messung der Selbstkongruenz			**Faktorladung**	**t-Wert**
5.1 Ich bin Anna sehr ähnlich.			0,8845	29, 8989
5.2 Ich kann mich mit Anna identifizieren.			0,8989	44,6282
5.3 Ich bin Anna überhaupt nicht ähnlich.			0,8784	39,9662
5.4 Das Image von Anna unterscheidet sich grundlegend von meiner Person.			eliminiert	eliminiert
5.5 Ich habe den Eindruck, dass mein Persönlichkeitsprofil dem von Anna entspricht.			eliminiert	eliminiert
5.6 Ich habe überhaupt nichts mit Anna gemeinsam.			-0,6950	9,4908
Konstruktreliabilität	**DEV**	**Q²**	**Quadrierte Korrelationen**	
0,907	0,711	0,5148	0,1482	
			0,2480	
			0,3036	
			0,0249	
			0,0262	

Tabelle 5: Operationalisierung des Konstrukts Selbstkongruenz

Die Indikatoren 5.4 und 5.5 mussten aus dem Messmodell der Selbstkongruenz entfernt werden. Durch die Elimination der beiden Indikatoren konnte die DEV des Konstrukts erhöht werden, so dass diese nach der Elimination einen Mindestwert von 0,6 übersteigt. Der Indika-

[391] Vgl. Sirgy et al. (1997), S. 231 f.
[392] Vgl. Sirgy et al. (1997), S. 236.

tor 5.6 fand weitere Verwendung, da der t-Wert signifikant ist und die Ladung einen Wert von 0,5 überschreitet.[393] Die anderen zu beurteilenden Prüfgrößen erreichten das geforderte Maß. Die Faktorenanalyse zeigt eine Konzentration der Indikatoren auf Faktor 3. Sie können daher eindeutig demselben Konstrukt zugeordnet werden.[394]

Interaktivität

In der Forschung existieren unterschiedliche Methoden um die Interaktivität zu messen. Man unterscheidet zwischen Messinstrumenten, die die aktuelle, objektive und strukturelle Interaktivität messen und zwischen Messinstrumenten, die die wahrgenommene, empfundene, subjektive und empirische Interaktivität messen.[395] Da Interaktivität als „a psychological state" konzeptionalisiert wird, spiegelt sich die Interaktivität in den Dimensionen wider. Die Dimensionen *perceived control*, *perceived responsiveness* und *perceived personalization* resultieren aus der Interaktivität. Das Interaktivitätskonstrukt ist folglich reflektiv operationalisiert.[396] Für diese Untersuchung wurden nur einige der Indikatoren der Skala von *Wu* ausgewählt. Die ausgewählten Indikatoren stammen aus den Dimensionen *perceived personalization* und *perceived responsiveness*.[397] Außerdem wurden die Indikatoren übersetzt und an den Kontext der Untersuchung angepasst. *Tabelle 6* enthält die verwendeten Frageitems, die Faktorladungen und die zugehörigen t-Werte:

Items zur Messung der Interaktivität	**Faktorladung**	**t-Wert**
6.1 Es fühlt sich an, als könnte ich direkt mit dem Unternehmen kommunizieren und Fragen zu Produkten oder zum Unternehmen stellen.	0,9391	69,6849
6.2 Es fühlt sich an, als hätte ich gerade ein persönliches Gespräch mit einem geselligen, kenntnisreichen und warmen Vertreter des Unternehmens gehabt.	0,9376	63,6531
6.3 Anna würde empfindlich auf mein Bedürfnis nach Informationen reagieren.	eliminiert	eliminiert

Konstruktreliabilität	**DEV**	**Q²**	**Quadrierte Korrelationen**
0,936	0,881	0,5182	0,6099
			0,1673
			0,1739

Tabelle 6: Operationalisierung des Konstrukts Interaktivität

[393] Vgl. Hulland (1999), S. 198. (Elimination falls Ladung geringer als 0,4 bzw. 0,5 ist)
[394] Vgl. Tabelle der Unidimensionalität, Anhang, Anlage 3.
[395] Vgl. Wu (2006), S. 93.
[396] Vgl. Wu (2006), S. 94.
[397] Vgl. Wu (2006), S. 96.

Der Indikator 6.3 wurde aus dem Messmodell entfernt, da er nicht die Kriterien erfüllte. Durch die Elimination wurde die DEV des Konstrukts gesteigert. Die übrigen Prüfgrößen erfüllten ausnahmslos die Anforderungen. Die Indikatoren des Konstrukts laden verstärkt auf Faktor 8.

4.3.2 Einstellung des Konsumenten gegenüber dem Avatar

Die Items zur Messung der Einstellung des Konsumenten gegenüber dem Avatar stammen von *Babin*, *Babin* und *Boles*. Sie untersuchten den Einfluss der Einstellung gegenüber einem Verkäufer auf die Einstellung zu dem Anbieter bzw. auf die Kaufabsicht des Konsumenten.[398] Das Konstrukt wurde reflektiv operationalisiert. Die einzelnen Items wurden an diese Untersuchung adaptiert. *Tabelle 7* zeigt die Items, die Faktorladungen und die zugehörigen t-Werte:

Items zur Messung der Einstellung gegenüber dem Avatar			**Faktorladung**	**t-Wert**
7.1 Ich mag Anna.			0,9237	32,4580
7.2 Anna hat mich positiv beeindruckt.			0,9091	52,6060
7.3 Ich mag Anna nicht.			-0,8599	24,0916
7.4 Ich fühle mich wohl mit Anna.			0,8767	38,7280
Konstruktreliabilität	**DEV**	**Q^2**	**Quadrierte Korrelationen**	
0,940	0,797	0,6380	0,1640	
			0,2061	

Tabelle 7: Operationalisierung des Konstruktes Einstellung gegenüber dem Avatar

Die weiteren Prüfgrößen erfüllten die Anforderungen. Die Indikatoren zur Messung der Einstellung des Konsumenten gegenüber dem Avatar konzentrieren sich auf Faktor 5. Sie können demnach eindeutig einem Konstrukt zugeordnet werden.[399]

4.3.3 Konsequenzen der Einstellung gegenüber dem Avatar

Markenvertrauen

Es gibt wenige Skalen zur Erfassung des Markenvertrauens. Der Forschung gelang es lange nicht, eine valide, zuverlässige und generalisierbare Skala zur Messung des Markenvertrauens zu entwickeln.[400] Deshalb entwickelten und validierten *Delgado-Ballester*, *Munuera-Alemán* und *Yagüe-Guillén* ihre so genannte *brand trust scale*. Markenvertrauen entsteht durch zwei Faktoren: die Markenzuverlässigkeit und die Markenintention. Die erste Dimension, die Markenzuverlässigkeit, bezieht sich auf eine kompetente oder technische Natur der Marke und

[398] Vgl. Babin/Babin/Boles (1999), S. 94.
[399] Vgl. Tabelle der Unidimensionalität, Anhang, Anlage 3.
[400] Vgl. Delgado-Ballester/Munuera-Alemán/Yagüe-Guillén (2003), S. 36.

basiert auf dem Glauben des Konsumenten an die Erfüllung des Leistungsversprechens der Marke. Es geht darum, die Bedürfnisse des Konsumenten zu erfüllen. Gelingt es, die Bedürfnisse zu erfüllen, erhöht sich die Zufriedenheit mit der Marke und es entwickelt sich eine positive Markeneinstellung.[401] Die zweite Dimension des Markenvertrauens ist die Markenintention. Markenintentionen basieren auf dem Glauben der Konsumenten, dass Marken auch in schwierigen Situationen die Interessen der Konsumenten vertreten würden. Markenintentionen werden durch positive und wünschenswerte Verhaltensabsichten bzgl. der Interessen des Konsumenten bestimmt.[402]

Markenvertrauen ist dabei ein Konstrukt zweiter Ordnung. Die Indikatoren der Dimensionen sind reflektiv operationalisiert. Die zwei Dimensionen selbst jedoch stellen formative Indikatoren des Konstruktes zweiter Ordnung dar. Die Dimensionen Markenintention und Markenzuverlässigkeit definieren das Konstrukt zweiter Ordnung.[403] Aus den drei Indikatoren einer Dimension wurde durch Mittelwertbildung ein Markendimensionswert 1 erzeugt. Die drei anderen Indikatoren der Markenintention bilden den Markendimensionswert 2. Cronbachs Alpha wurde für jede Dimension berechnet, wobei es mindestens einen Wert von 0,6 erreichen sollte.[404] Es stellt ein Maß für die Reliabilität einer Gruppe von Indikatoren dar, die zur Messung des Faktors bzw. der Dimension ausgewählt wurden.[405] Alpha betrug für die Markenintentions-Dimension 0,8596 und für die Markenzuverlässigkeits-Dimension 0,8655. Die ursprünglichen Frageitems von *Delgado-Ballester*, *Munuera-Alemán* und *Yagüe-Guillén*[406] wurden in jeder Dimension um ein Item reduziert, an den Kontext der Untersuchung angepasst und übersetzt.

Bei formativen Messmodellen werden nicht die Ladungen, sondern die Gewichte betrachtet. Die Gewichte sollten mindestens einen Wert von 0,1 aufweisen.[407] Wie aus *Tabelle 8* ersichtlich, ist dieses Kriterium für diese Untersuchung erfüllt. Für formative Konstrukte ist eine Überprüfung der Konvergenzkriterien nicht möglich. Damit die Diskriminanzvalidität im formativen Messmodell erfüllt ist, sollten die Konstruktkorrelationen einen Wert von 0,9

[401] Vgl. Delgado-Ballester/Munuera-Alemán/Yagüe-Guillén (2003), S. 37 f.
[402] Vgl. Delgado-Ballester/Munuera-Alemán/Yagüe-Guillén (2003), S. 38.
[403] Vgl. Albers/Götz (2006), S. 671.
[404] Vgl. Nunnally (1967), S. 226.
[405] Vgl. Peter (1979), S. 8 f.; Gerbing/Anderson (1988), S. 190.
[406] Vgl. Delgado-Ballester/Munuera-Alemán/Yagüe-Guillén (2003), S. 41.
[407] Vgl. Ringle (2004a), S. 26.

nicht überschreiten.[408] In dieser Untersuchung sind alle Konstruktkorrelationen geringer als 0,9. Die Vorhersagevalidität und die Unidimensionalität werden für formative Messmodelle nicht bestimmt. In formativen Modellen erfolgt jedoch eine Prüfung auf Multikollinearität. Multikollinearität ist gegeben, wenn sich ein Indikator als lineare Funktion der anderen Indikatoren darstellen lässt.[409] Da die Indikatoren bzw. Dimensionen alle einen selbstständigen Beitrag zum vollständigen Konstrukt liefern sollen, sollten Informationen nicht redundant sein und Multikollinearität nicht vorliegen. Um dies zu prüfen, wird der VIF berechnet. Der VIF beider Markenvertrauensdimensionen beträgt 1,239. Diese Werte liegen deutlich unter 10, daher kann ein Vorliegen von Multikollinearität ausgeschlossen werden. *Tabelle 8* veranschaulicht die verwendeten Indikatoren, die Dimensionsgewichte und die t-Werte:

Dimension	**Items zur Messung des Markenvertrauens**	**Gewicht**	**t-Wert**	**Cronbachs Alpha**
Markenzuverlässigkeit	8.1 Ikea entspricht meinen Erwartungen.			
	8.2 Ich fühle Vertrauen zu Ikea	0,6094	18,2978	0,8655
	8.3 Ikea enttäuscht mich nie.			
Markenintention	8.4 Ikea würde sich ehrlich und aufrichtig meinen Sorgen zuwenden.			
	8.5 Ich könnte mich auf Ikea verlassen um ein Problem zu lösen.	0,4840	19,6176	0,8596
	8.6 Ikea würde mich irgendwie für das Problem mit dem Produkt entschädigen.			

Tabelle 8: Operationalisierung des Konstruktes Markenvertrauen

Markenbeziehungsqualität

Auf der Grundlage von *Fournier* entwickelten *Aaker*, *Fournier* und *Barsel* ein Messinstrument zur Erfassung der Markenbeziehungsqualität. Markenbeziehungsqualität wird als ein mehrdimensionales Konstrukt aufgefasst. Es besteht aus vier Dimensionen: Intimität, Selbstbezug, Commitment und Zufriedenheit.[410]

Markenbeziehungsqualität ist ein Konstrukt zweiter Ordnung. Die Indikatoren der Dimensionen sind reflektiv. Die Dimensionen selbst stellen jedoch formative Indikatoren des Konstruktes zweiter Ordnung dar. Die Dimensionen Intimität, Selbstbezug, Commitment und Zufriedenheit determinieren das Konstrukt zweiter Ordnung.[411] Aus den jeweils zwei Indikatoren

---

[408] Vgl. Huber u.a. (2005), S. 35.
[409] Vgl. Backhaus u.a. (2006), S. 89.
[410] Vgl. Aaker/Fournier/Barsler (2004), S. 7. (im Original: intimacy, self-connection, commitment, satisfaction)
[411] Vgl. Albers/Götz (2006), S. 671.

pro Dimension wurde durch Mittelwertbildung ein Dimensionswert berechnet. Außerdem wurde Cronbachs Alpha für jede Dimension berechnet. Es stellt ein Maß der Reliabilität einer Gruppe von Indikatoren dar, die zur Messung des Faktors bzw. der Dimension ausgewählt wurden.[412] Einen Wert von 0,6 gilt es zu überschreiten.[413]

Dimension	Items zur Messung der Markenbeziehungsqualität	Gewicht	t-Wert	Cronbachs Alpha
Intimität	9.1 Ich kann mir gut vorstellen, persönliche Informationen über mich mit Ikea zu teilen. 9.2 Ich verfüge über großes Wissen über Ikea.	0,3488	8,1961	0,6934
Selbstbezug	9.3 Ikea vertritt Ansichten, die auch in meinem Leben wichtig sind. 9.4 Den Gedanken an Ikea verbinde ich mit einem richtig guten Gefühl.	0,2526	6,8308	0,7717
Commitment	9.5 Ich bin so glücklich mit Ikea, dass ich das Gefühl habe, nicht länger nach anderen Möbelhäusern Ausschau halten zu müssen. 9.6 Ich wäre bereit, eine Weile auf Ikea zu verzichten, wenn es eine Zeitlang nicht verfügbar wäre.	0,2862	5,3851	0,2918
Zufriedenheit	9.7 Ich bin absolut zufrieden mit der Leistung von Ikea. 9.8 Ikea hat sich besser entwickelt, als ich erwartet hatte.	0,4970	9,7504	0,7571

Tabelle 9: Operationalisierung des Konstruktes Markenbeziehungsqualität

Von den ursprünglichen Indikatoren von *Aaker*, *Fournier* und *Brasel* fanden je zwei Frageitems pro Dimension Eingang in die Untersuchung.[414] Die Frageitems wurden an den Kontext der Untersuchung angepasst und dementsprechend übersetzt. Die *Tabelle 9* enthält die verwendeten Indikatoren, Cronbachs Alpha, die Gewichte der Dimensionen und deren t-Werte.

Für formative Konstrukte ist eine Überprüfung der Konvergenzkriterien nicht möglich. Um das Kriterium der Diskriminanzvalidität im formativen Messmodell zu erfüllen, sollten die Konstruktkorrelationen einen Wert von 0,9 nicht überschreiten.[415] In dieser Untersuchung sind alle Konstruktkorrelationen geringer als 0,9. Die Vorhersagevalidität und die Unidimensionalität werden für formative Messmodelle nicht bestimmt.

In formativen Modellen wird jedoch das Messmodell auf ein Vorliegen von Multikollinearität geprüft. Mulitkollinearität ist gegeben, wenn sich ein Indikator als lineare Funktion der ande-

[412] Vgl. Peter (1979), S. 8 f.; Gerbing/Anderson (1988), S. 190.
[413] Vgl. Nunnally (1967), S. 226.
[414] Vgl. für komplette Darstellung der Indikatoren Aaker/Fournier/Barsler (2004), S. 8.
[415] Vgl. Huber u. a. (2005), S. 35.

ren Indikatoren darstellen lässt.[416] Da die Indikatoren bzw. Dimensionen alle einen selbstständigen Beitrag zum vollständigen Konstrukt liefern sollen, sollten Informationen nicht redundant sein. Um zu prüfen, ob Multikollinearität vorliegt, wird der VIF berechnet, wobei dieser einen Wert von 10 nicht übertreffen sollte. Alle VIF Werte unterschreiten einen Wert von 10. Daher liegt keine Multikollinearität vor.

Markenloyalität

In der Literatur gibt es zahlreiche Messinstrumente zur Messung der Loyalität. Die Bereitschaft zum Cross-Buying,[417] die Preispremiumbereitschaft,[418] die Wiederkaufsabsicht[419] und die Weiterempfehlungsabsicht- bzw. häufigkeit[420] zählen zu den eingesetzten Messinstrumenten. *Braunstein*[421] kombiniert diese Aspekte in einer Skala, die in dieser Untersuchung Verwendung finden soll. Eine Besonderheit stellt die Berücksichtigung der zeitlichen Dimension dar, die in ihrem Loyalitätsmaß erstmals Verwendung findet.[422]

Items zur Messung der Markenloyalität	Faktorladung	t-Werte
10.1 Ich beabsichtige, Ikea in Zukunft wieder zu besuchen. (Wiederkaufsabsicht)	0,8873	42,0982
10.2 Ich beabsichtige, Ikea in Zukunft weiterzuempfehlen. (Weiterempfehlungsabsicht)	0,9322	93,8198
10.3 Ich werde Ikea in Zukunft auch dann wieder besuchen, wenn sich die Preise um 20 % erhöhen (Preispremiumbereitschaft)	0,7162	18,9088
10.4 Ich beabsichtige auch andere Produktkategorien, als die bereits gekauften, bei Ikea in Zukunft zu kaufen. (Cross-Buying)	0,8918	41,1029

Konstruktreliabilität	DEV	Q²	Quadrierte Korrelationen
0,919	0,741	0,5095	0,0529
			0,1282
			0,1063
			0,0144
			0,0548
			0,1049
			0,1218
			0,5013
			0,3869

Tabelle 10: Operationalisierung des Konstruktes Markenloyalität

416 Vgl. Backhaus u. a. (2006), 89.
417 Vgl. Peter (1997), S. 183.
418 Vgl. Braunstein (2001), S. 201.
419 Vgl. Anderson/Sullivan (1993), S. 133.
420 Vgl. Peter (1997), S. 183.
421 Vgl. Braunstein (2001), S. 202.
422 Vgl. Braunstein (2001), S. 198 ff.

Für die Operationalisierung ist es wichtig, ob die Markenloyalität reflektiven oder formativen Charakter aufweist. Da das Markenloyalitätskonstrukt die Ausprägungen seiner Indikatoren verursacht und eine Veränderung der Markenloyalität außerdem zu einer Änderung sämtlicher Indikatoren führt, liegt ein reflektives Konstrukt vor.[423] Die Faktorladungen und t-Werte erfüllen sämtliche Anforderungen an eine gelungene Operationalisierung. Ein Überblick zu den Konvergenzkriterien, *Stone-Geissers* Q^2 und die quadrierten Korrelationen kann *Tabelle 19* entnommen werden.

4.3.6 Moderierende Größen

Flow

Novak, *Hoffmann* und *Yung* entwickelten ein Flow-Modell für das Internet. Das Modell nimmt wie auch das ursprüngliche Modell von *Csikszentmihalyi* die Kontrolle, die Aktivierung und die Konzentration als Voraussetzungen für das Entstehen Flow an. Die Kontrolle wird hierbei als Telepräsenz vermittelt, die den Zustand eines verminderten Bewusstseins der realen Umgebung bezeichnet.[424] Telepräsenz wird „as the experience of presence in an environment by means of a communication medium“[425] definiert. Die Telepräsenz soll von einem Gefühl der verzerrten Zeitwahrnehmung separiert werden.[426]

Die Indikatoren zur Messung des Flow-Gefühls stammen aus dem Flow-Modell von *Novak*, *Hoffmann* und *Yung*.[427] Die vier Indikatoren sind zum Teil Bestandteil der Messung der Telepräsenz, zum Teil sind sie Bestandteil der Indikatoren, die die wahrgenommene verzerrte Zeitwahrnehmung messen. Einen Überblick der verwendeten Indikatoren gibt *Tabelle 11*:

Items zur Messung des Flow-Gefühls
11.1 Bei einer Unterhaltung mit Anna würde die Zeit „wie im Flug“ vergehen.
11.2 Wenn ich mich mit Anna unterhalten würde, würde ich nicht merken wie die Zeit vergeht.
11.3 Ich würde meine unmittelbare Umgebung vergessen, wenn ich mich mit Anna unterhalten würde.
11.4 Das Gespräch mit Anna würde mich häufig vergessen lassen, wo ich bin.

Tabelle 11: Operationalisierung des Konstrukts Flow

[423] Vgl. Huber u.a. (2007), S. 20.
[424] Vgl. Novak/Hoffmann/Yung (2000), S. 29 f.
[425] Steuer (1993), S. 6.
[426] Vgl. Novak/Hoffmann/Yung (2000), S. 27.
[427] Vgl. Novak/Hoffmann/Yung (2000), S. 29.

Produktinvolvement

Für die Messung der zweiten moderierenden Variable Produktinvolvement bzw. Involvement gibt es in der Literatur zahlreiche Ansätze. Eine bekannte und sehr verbreitete Skala ist das Semantische Differenzial von *Zaichkowsky.*[428] Nachteilig an dieser Skala ist die hohe Anzahl von Items und die damit einhergehende Belastung der Befragten.[429] Des Weiteren ist die Skala eindimensional und weist einen Mangel an verständlichem Vokabular auf.[430] Daher entwickelte *Mittal* eine Fragenzusammenstellung, die diesen Nachteilen entgegenwirkt.[431] Die einzelnen Frageitems wurden an den Kontext dieser Untersuchung angepasst und sind *Tabelle 12* zu entnehmen. Da nicht davon ausgegangen werden kann, dass den Probanden Produktinvolvement ein Begriff ist, wurden sie im Einleitungstext darum gebeten, ihr Interesse für Einrichtungsgegenstände (Möbel) bzw. für die Inneneinrichtung der Wohnung, des Hauses zu beurteilen. Der Begriff Interesse andererseits dürfte allen Probanden geläufig sein und steht zudem in einem engen Zusammenhang zum Produktinvolvement.

Items zur Messung des Produktinvolvements
12.1 Einrichtungsgegenstände sind sehr wichtig für mich.
12.2 Ich interessiere mich nicht für Einrichtungsgegenstände.
12.3 Welche Einrichtungsgegenstände ich habe, bedeutet mir sehr viel.
12.4 Mir sind Einrichtungsgegenstände egal.
12.5 Es ist für mich maßgeblich welche Einrichtungsgegenstände ich habe.

Tabelle 12: Operationalisierung des Konstruktes Produktinvolvement

4.4 Beurteilung des Strukturmodells

4.4.1 Schätzung für die gesamte Stichprobe

Das Strukturmodell beinhaltet die hypothetischen Zusammenhänge zwischen den einzelnen Konstrukten.[432] Für dessen Überprüfung werden die Pfadkoeffizienten herangezogen, die den Einfluss eines Konstrukts auf ein kausal nachfolgendes anzeigen.[433] Sie sollten einen Mindestwert von 0,1 aufweisen. Die Signifikanz dieser Koeffizienten wird mit Hilfe von zweiseitigen t-Tests geprüft.[434] Bei einem Signifikanzniveau von 10% sollte der t-Wert einen Wert von 1,66 überschreiten.[435] Hypothesen, deren t-Wert diesen Wert nicht erreicht, müssen

[428] Vgl. zur Skala Zaichkowsky (1985); Zaichkowsky (1994).
[429] Vgl. Mittal (1995), S. 663.
[430] Vgl. Mittal (1995), S. 668 f.
[431] Vgl. Mittal (1995), S. 679.
[432] Vgl. Götz/Liehr-Gobbers (2004), S. 716.
[433] Vgl. Huber u.a. (2005), S. 35.
[434] Vgl. Ringle (2004a), S. 22.
[435] Vgl. Backhaus u. a. (2006), S. 808.

verworfen werden.[436] Im untersuchten Modell mussten H1 und H8 als nicht signifikant abgelehnt werden, während sich alle übrigen Hypothesen bestätigten. Eine Übersicht der einzelnen Pfadkoeffizienten gibt *Abbildung 8*, die t-Werte sind der *Tabelle 13* zu entnehmen.

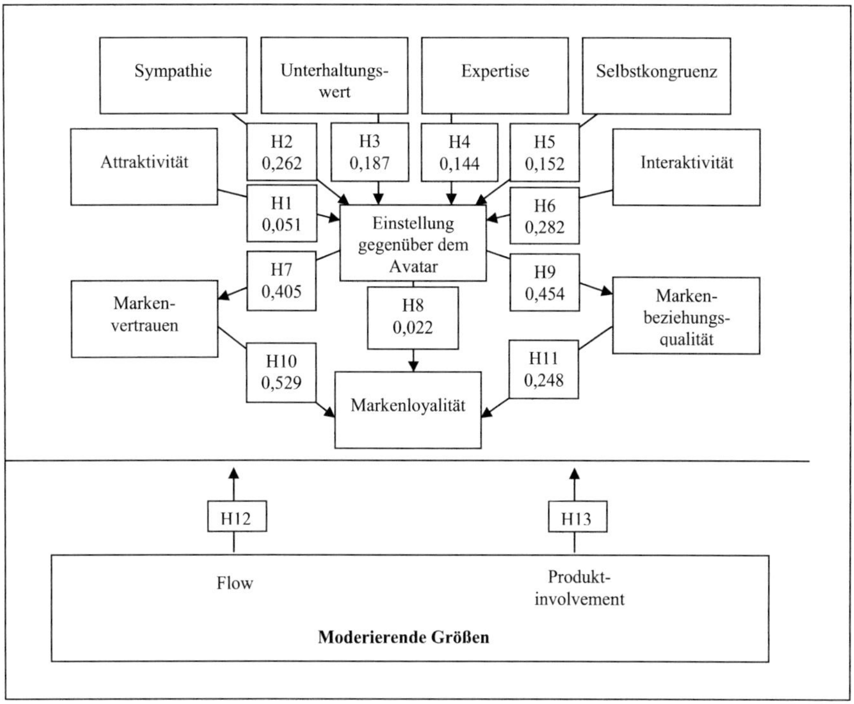

Abbildung 8: Pfadkoeffizienten des Modells

Hypothese	t-Wert	Standardfehler	Ergebnis
H1	0,7679	0,0664	verworfen
H2	3,6102	0,0726	beibehalten
H3	2,3439	0,0798	beibehalten
H4	1,9195	0,0750	beibehalten
H5	2,7562	0,0551	beibehalten
H6	3,7132	0,0759	beibehalten
H7	4,9637	0,0816	beibehalten
H8	0,2673	0,0823	verworfen
H9	6,8151	0,0666	beibehalten
H10	6,9384	0,0762	beibehalten
H11	3.6705	0,0676	beibehalten

Tabelle 13: Hypothesentest

[436] Vgl. Ringle (2004a), S. 22; Huber u. a. (2005), S. 35.

Da für die PLS-Pfadmodellierung „no proper overall goodness-of-fit measures exist",[437] gilt es auch die Güte des Strukturmodells anhand von einzelnen weiteren Kriterien zu beurteilen. Zur Beurteilung werden das Bestimmtheitsmaß R^2 und die Vorhersagevalidität, *Stone-Geissers* Q^2, bestimmt. Als letztes wird das Modell auf ein Vorliegen von Multikollinearität geprüft.[438] Das Bestimmtheitsmaß R^2 wird für endogene Konstrukte ermittelt. Es gibt die Höhe der erklärten Varianz an und misst somit die Anpassung der Regressionsfunktion an die empirisch gewonnen manifesten Items.[439] R^2 sollte mindestens einen Wert von 0,3 aufweisen.[440] Dies ist wie aus *Tabelle 14* ersichtlich, für die Konstrukte Einstellung des Konsumenten gegenüber dem Avatar und die Markenloyalität gegeben.

Als weiteres Gütekriterium des Strukturmodells wird das Q^2 nach *Stone-Geisser* berechnet. Damit das Modell Prognoserelevanz besitzt, muss Q^2 einen Wert von über null annehmen.[441] *Tabelle 14* gibt einen Überblick der Gütekriterien:

Konstrukt	**R^2**	**Q^2**
Einstellung des Konsumenten gegenüber dem Avatar	0,7616	0,5814
Markenvertrauen	0,1643	-
Markenbeziehungsqualität	0,2058	-
Markenloyalität	0,5363	0,3384

Tabelle 14: R^2 und Q^2 auf Strukturmodellebene

Als Letztes wird das Strukturmodell auf ein Vorliegen von Multikollinearität geprüft. Der VIF sollte kleiner als zehn sein.[442] Für eine Überprüfung ist die Berechnung mehrerer linearer Regressionen nötig, wobei für jede Regression das R^2 ermittelt wird, mit dem die Berechnung des VIF ermöglicht wird.[443] Da sämtliche VIF-Werte deutlich unterhalb der kritischen Grenze von zehn liegen kann davon ausgegangen werden, dass Multikollinearität im Strukturmodell nicht gegeben ist. Es liegen demnach keine redundanten Informationen vor.

4.4.2 Gruppenvergleich zur Überprüfung des Einflusses der moderierenden Größen

Um den Einfluss von moderierenden Variablen bestimmen zu können, ist es sinnvoll einen Modellvergleich durchzuführen. Es gilt zu prüfen, inwieweit moderierende Variablen die

437 Vgl. Hulland (1999), S. 202.
438 Vgl. Huber u.a. (2005), S. 36.
439 Vgl. Backhaus u.a. (2006), S. 64 ff.
440 Vgl. Ringle (2004a), S. 19.
441 Vgl. Huber u.a. (2007), S. 37.
442 Vgl. Diamantopoulos/Winklhofer (2001), S. 272.
443 Vgl. Huber u.a. (2005), S. 35.

Richtung oder Stärke der Zusammenhänge zwischen den Konstrukten beeinflussen.[444] Bei einem solchen Modellvergleich werden die signifikanten Pfadkoeffizienten des Modells einem t-Test unterzogen, um herauszufinden, ob signifikante Unterschiede zwischen den Gruppen, wie in Hypothese 12 und 13 angenommen, vorliegen.[445] Ist der errechnete t-Wert bei einem unterstellten Signifikanzniveau von 10 % größer als 1,66, liegt ein signifikanter Unterschied vor.[446] Außerdem ist zu prüfen, ob eine bestimmte Hypothese für die eine Gruppe verworfen werden muss, dagegen für die andere Gruppe beibehalten werden kann. Der Einfluss der zweiten Gruppe ist demnach signifikant größer als null.[447]

Um den Einfluss der moderierenden Variable Flow zu messen, wurden die Probanden ebenfalls in zwei Gruppen eingeteilt. Die Einteilung der Probanden erfolgte mit Hilfe der zur Evaluierung des Flows eingesetzten Indikatoren. 72 Probanden bildeten die Gruppe derjenigen, die ein hohes Flow-Gefühl empfanden. 82 Probanden bildeten die Gruppe derjenigen, die ein niedriges Flow-Gefühl empfanden; sie wiesen einen Durchschnittswert von größer oder gleich 5,25 auf. *Tabelle 15* stellt eine Zusammenfassung der Ergebnisse dar:

	Niedriges Flow-Gefühl		**Hohes Flow-Gefühl**		**Gruppenvergleich**
Hypothese	**Pfadkoeffizient**	**Standardfehler**	**Pfadkoeffizient**	**Standardfehler**	**t-Wert**
H1	0,0340	0,1071	0,1200	0,0926	0,603
H2	0,3980	0,1023	0,0350	0,1067	2,468
H3	0,111	0,0881	0,3170	0,1099	1,487
H4	0,1040	0,0943	0,3010	0,1666	1,068
H5	0,1260	0,0620	0,1220	0,0899	0,037
H6	0,2840	0,0937	0,1990	0,1514	0,493
H7	0,3380	0,1095	0,4550	0,1217	0,721
H8	0,0660	0,0610	-0,1820	0,0920	2,264
H9	0,4580	0,1051	0,3620	0,1489	0,539
H10	0,4750	0,1214	0,5530	0,0987	0,493
H11	0,3630	0,0991	0,3530	0,0786	0,0780

Tabelle 15: Gruppenvergleich Flow-Gefühl

Wie *Tabelle 15* zeigt, liegen bezüglich der Hypothesen 2 und 8 signifikante Unterschiede vor. Ein Vergleich der Signifikanz der t-Werte in den verschiedenen Gruppen zeigt, dass H3 und H4 bei hohem Flow-Gefühl signifikant, bei niedrigem Flow-Gefühl jedoch nicht signifikant sind. H5 ist bei niedrigem Flow-Gefühl signifikant, muss bei hohem Flow-Gefühl dagegen verworfen werden. Insgesamt konnte die Hypothese 12 nur teilweise bestätigt werden.

[444] Vgl. Götz/Liehr-Gobbers (2004), S. 724.
[445] Vgl. Götz/Liehr-Gobbers (2004), S. 727; Huber u.a. (2005), S. 38.
[446] Vgl. Fahrmeir (2003), S. 456 f.
[447] Vgl. Huber u.a. (2007), S. 122.

Um den moderierenden Einfluss des Involvements zu untersuchen, wurden die Probanden zunächst in gering und stark Involvierte eingeteilt. Die Einteilung der Befragten erfolgte anhand der Angaben der Befragten zu den fünf zur Evaluierung angewendeten Indikatoren. Die 74 hoch involvierten Befragten wiesen einen Durchschnittswert von 2,6 oder geringer auf, die 80 wenig involvierten Befragten wiesen einen Durchschnittswert höher als 2,6 auf. Für beide Gruppen wurden die Pfadkoeffizienten der Konstruktzusammenhänge ermittelt.

Tabelle 16 liefert zusammenfassend die Ergebnisse des Modellvergleichs. Ersichtlich wird, dass der Gruppenvergleich bei Hypothese H5 und H7 signifikant voneinander abweichende Pfade zeigt. Außerdem muss geprüft werden, ob eine Hypothese in einer Teilgruppe signifikant, in der anderen Teilgruppe jedoch nicht signifikant ist. Ein Vergleich der t-Werte zeigt, dass H1 und H4 bei hohem Involvement signifikant sind, bei niedrigem Involvement jedoch nicht. Hypothese 13 konnte folglich nur teilweise bestätigt werden.

	Niedriges Involvement		**Hohes Involvement**		**Gruppenvergleich**
Hypothese	**Pfadkoeffizient**	**Standardfehler**	**Pfadkoeffizient**	**Standardfehler**	**t-Wert**
H1	-0,040	0,1145	0,1230	0,0626	1,229
H2	0,2100	0,1089	0,3930	0,0643	1,427
H3	0,2640	0,1221	0,1500	0,0627	0,816
H4	0,1600	0,1305	0,1420	0,0659	0,120
H5	0,2540	0,0858	0,0640	0,0487	1,897
H6	0,1990	0,1032	0,2770	0,0753	0,606
H7	0,6090	0,0748	0,3370	0,1337	1,822
H8	-0,0270	0,1026	-0,1190	0,0870	0,682
H9	0,4820	0,0718	0,3090	0,1398	1,132
H10	0,5690	0,1427	0,3360	0,1548	1,115
H11	0,3190	0,0895	0,5000	0,1195	1,23

Tabelle 16: Gruppenvergleich Produktinvolvement

4.5 Interpretation der Ergebnisse

Im Rahmen der Überprüfung des Strukturmodells zeigte sich, dass nicht alle hypothetischen Zusammenhänge bestätigt werden können. Die Hypothesen 1 und 8 mussten verworfen werden. Die physische Attraktivität bewirkt demnach nicht den vermuteten positiven Effekt auf die Einstellung des Konsumenten gegenüber dem Avatar. Eine mögliche Erklärung der nicht bestätigten Hypothese kann mit der Match-up Hypothese erfolgen. Der Match-up Hypothese postuliert den Zusammenhang zwischen der Attraktivität des Senders und dem Produkt. Es wird zwischen attraktivitätsrelevanten und attraktivitätsirrelevanten Produkten unterschieden. Bei attraktivitätsrelevanten Produkten (z.B. Kosmetik, Kleidung) führt die physische Attraktivität des Senders zu einer besseren Kommunikationswirkung bzw. Beeinflussung der Einstellung. Da Möbel bzw. Einrichtungsgegenstände nicht zwingend zu den attraktivitätsrelevanten Produkten zählen, hat die physische Attraktivität einen geringen oder keinen Einfluss auf die Kommunikationswirkung.[448]

Die Sympathie übt einen positiven und signifikanten Einfluss auf die Einstellung des Rezipienten gegenüber dem Avatar (H2) aus. Die empfundene Sympathie auf Seiten des Rezipienten vergrößert das Kommunikationspotenzial und die Kompromissbereitschaft in Verkaufssituationen.[449] Des Weiteren erhöht die Sympathie die Überzeugungskraft des Avatars.[450]

Überdies konnte der positive Zusammenhang zwischen Unterhaltungswert und der Einstellung des Konsumenten gegenüber dem Avatar (H3) bestätigt werden. Ein als unterhaltsam empfundener Avatar ermöglicht außerdem den Aufbau einer Beziehung zwischen Avatar und Internetnutzer,[451] was zu einer positiven Einstellung führt.

Hypothese 4, die den positiven Einfluss der Expertise auf die Einstellung gegenüber dem Avatar beinhaltet, konnte ebenfalls beibehalten werden. Die Expertise, die eine Dimension der Glaubwürdigkeit darstellt, erhöht den Einfluss des Avatars auf die Einstellungsänderung des Rezipienten.[452] Eine positive Beziehung zwischen der Selbstkongruenz und der Einstellung des Rezipienten bzw. Konsumenten gegenüber dem Avatar (H5) konnte ebenso bestätigt werden. Der Rezipient empfindet es als angenehm, ein konsistentes und widerspruchfreies Bild seines Selbstkonzeptes aufrechterhalten zu können.[453] Daher bevorzugt er auch im Avatar-Kontext Kommunikationspartner, die ihm möglichst ähnlich sind.[454]

Auch die sechste Hypothese erwies sich als signifikant. Die Interaktivität wirkt sich positiv auf die Einstellung gegenüber dem Avatar aus. Das Verständnis von Internetseiten und die Beziehung zu diesen werden positiv durch die Interaktivität beeinflusst.[455] Der Avatar erhöht die Interaktionsmöglichkeiten einer Internetseite, stimuliert die Internetnutzer und fördert

[448] Vgl. Praxmarer (2006), S. 444 f.
[449] Vgl. Bergler/Hoff (2001), S. 72 f.; Van Kleef/De Dreu/Manstead (2001), S. 21.
[450] Vgl. Holzwarth/Janiszewski/Neumann (2006), S. 32.
[451] Vgl. Bauer/Neumann/Mäder (2005), S. 103.
[452] Vgl. Ohanian (1990), S. 42.
[453] Vgl. Festinger (1978), S. 279.
[454] Vgl. Smith (1998), S. 7.
[455] Vgl. Macias (2003), ohne Seite.

somit das Gefallen, was sich wiederum positiv auf die Einstellung des Internetnutzers gegenüber dem Avatar auswirkt.

Ein positiver Effekt der Einstellung gegenüber dem Avatar auf das Markenvertrauen (H7) konnte ebenfalls nachgewiesen werden. Somit hat sich die Balancetheorie für diese Untersuchung bestätigt. Die Einstellung des Rezipienten und des Avatars zu einem Einstellungsobjekt, der Marke, müssen übereinstimmen, damit der Rezipient Harmonie empfindet. Passen sie nicht zusammen, bemüht sich der Rezipient seine Einstellung dementsprechend anzupassen.[456] Eine Übereinstimmung der Einstellungen und Meinungen fördert eine vertrauensvolle Beziehung zwischen Rezipient und Avatar.[457]

Hypothese 8 konnte hingegen nicht bestätigt werden. Die Markenloyalität kann durch eine positive Einstellung des Konsumenten gegenüber dem Avatar nicht direkt positiv beeinflusst werden. Die Meinung über den Avatar vermag es daher nicht, die Weiterempfehlungsabsicht, die Wiederkaufsabsicht und die Zusatzkaufabsicht zu beeinflussen. Allerdings wirkt die Einstellung des Konsumenten gegenüber dem Avatar indirekt über die Verbindungen zu den Konstrukten Markenvertrauen und Markenbeziehungsqualität auf die Markenloyalität ein.[458] Der Totaleffekt der Einstellung gegenüber dem Avatar auf die Markenloyalität, der sich aus der Summe des direkten Einflusses und der indirekten Effekte berechnet,[459] beträgt demnach 0,327.

Eine positive Einstellung gegenüber dem Avatar stärkt die Markenbeziehungsqualität (H9). Nach der Balancetheorie von *Heider* sollten die Einstellungen von drei Personen in Einklang zueinander stehen.[460] Die Einstellung des Rezipienten, des Avatars und der Marke als aktiver Beziehungspartner sollten miteinander vereinbar sein. Eine Übereinstimmung führt zu Harmonie zwischen den Beteiligten und stärkt so die Markenbeziehungsqualität.

Hypothese 10, die die positive Auswirkung des Markenvertrauens auf die Markenloyalität zum Inhalt hat, konnte gleichermaßen verifiziert werden. Dabei zeigte sich, dass das Markenvertrauen (mit einem Pfadkoeffizienten von 0,529) die Markenloyalität am stärksten beein-

[456] Vgl. Heider (1977), S. 238, 246 f.
[457] Vgl. Delgado-Ballester/Munuera-Alemán (2001), S. 1242.
[458] Beziehung Einstellung – Vertrauen (0,214); Beziehung – Einstellung- Markenbeziehungsqualität (0,113).
[459] Vgl. Huber u.a. (2007), S. 117.
[460] Vgl. Heider (1978), S. 270.

flusst. Die Dimension der Markenzuverlässigkeit stellte sich dabei als besonders wichtig heraus. Den Konsumenten ist es demnach besonders wichtig, sich auf eine Marke verlassen zu können.[461] Vertrauen vereinfacht dem Konsumenten seine Entscheidungen und verringert das Risiko eine falsche Entscheidung zu treffen. Folglich bewirkt Markenvertrauen das Interesse, eine Beziehung aufrechtzuerhalten und führt letztlich zu Markenloyalität.[462]

Eine positive Wirkung der Markenbeziehungsqualität auf die Markenloyalität konnte auch als zutreffend erklärt werden. Die Zufriedenheit der Konsumenten ist dabei die wichtigste Einflussgröße.[463] Konsumenten möchten sich in einem kognitiven Gleichgewichtszustand befinden, daher werden Marken, mit denen positive Erfahrungen gemacht wurden, wiederholt nachgefragt. Des Weiteren möchte ein Konsument Risiken vermeiden, die mit einem Markenwechsel verbunden sind. Daher bleibt er einer Marke treu, d.h. er verhält sich loyal gegenüber der Marke.

Zur Bewertung der Ergebnisse wurde auch das Gütekriterium R^2 berechnet. Die R^2 Werte des Markenvertrauens und der Markenbeziehungsqualität erzielten nicht den Mindestwert von 0,3. Da R^2 den erklärten Anteil der Varianz durch vorgelagerte Größen im Modell angibt, wird ersichtlich, dass nicht im Modell vorhandene Größen, die beiden Konstrukte in hohem Maße beeinflussen müssen.[464] Die beiden Konstrukte werden in dem zugrundeliegenden Modell nur durch die Einstellung des Konsumenten gegenüber dem Avatar erklärt. So wird das Markenvertrauen in der Realität beispielsweise auch durch die Markensympathie, die Markeneinzigartigkeit und die Kundenzufriedenheit beeinflusst.[465] Die Markenbeziehungsqualität wird in der Realität insbesondere durch die Selbstkongruenz beeinflusst.[466] Für die Konstrukte Einstellung des Konsumenten gegenüber dem Avatar und Markenloyalität konnten die Mindestanforderungen jedoch erfüllt werden. So wird die Varianz der Markenloyalität zu 54% und die Varianz der Einstellung gegenüber dem Avatar zu 76% erklärt. In weiteren Untersuchungen könnten zusätzliche einstellungsrelevante Faktoren einbezogen werden, wie z.B. die

[461] Gewicht: 0,6094.
[462] Vgl. Ganesan (1994), S. 3.
[463] Gewicht: 0,4970.
[464] Vgl. Ringle (2004a), S. 19.
[465] Vgl. Wünschmann/Müller (2005), S. 12.
[466] Vgl. Kressmann et al. (2006), S. 956.

Glaubwürdigkeit des Avatars, die Dialogfähigkeit, der Naturalismus oder auch das Bewegungsrepertoire des Avatars.

Die Hypothesen 12 und 13 (Gruppenvergleich) konnten jeweils nur teilweise bestätigt werden. Ein Unterschied zwischen Pfaden innerhalb der Teilgruppen mit divergierendem Flow zeigt sich anhand des t-Wertes für H2 und H8 als signifikant. Demnach hat die Sympathie bei niedrigem Flow-Gefühl einen größeren Einfluss auf die Einstellung gegenüber dem Avatar. Bei niedrigem Flow-Gefühl scheint die Sympathie demnach besonders wichtig, damit der Rezipient sich dem Avatar zuwendet bzw. mit diesem kommuniziert. Auffällig ist die Bestätigung von Hypothese H8, da sich diese für die gesamte Stichprobe nicht bestätigte. Bei hohem Flow-Gefühl hat demnach die Einstellung gegenüber dem Avatar eine positive Wirkung auf die Markenloyalität. Folglich scheint bei einem hohen Flow-Gefühl der Konsument dermaßen in die Welt des Internetauftritts abzutauchen, dass dieser seine Meinung über die, über den Avatar und über die Marke selbst miteinander verknüpft. Des Weiteren gilt es zu prüfen, ob eine Hypothese in einer Teilgruppe signifikant, in einer anderen Teilgruppe dagegen nicht signifikant ist. Ein Signifikanzvergleich der t-Werte in den verschiedenen Gruppen zeigt, dass H3 und H4 bei hohem Flow-Gefühl signifikant, jedoch bei niedrigem Flow-Gefühl nicht signifikant sind. Der Unterhaltungswert wirkt sich nur bei hohem Flow-Gefühl signifikant auf die Einstellung des Rezipienten gegenüber dem Avatar aus. Die Expertise übt ebenfalls bei einem hohen Flow-Gefühl einen positiven Effekt auf die Einstellung des Rezipienten gegenüber dem Avatar aus. Hypothese 5 war bei niedrigem Flow-Gefühl signifikant, musste bei hohem Flow-Gefühl jedoch verworfen werden. Die Ähnlichkeit zwischen dem Internetnutzer und dem Avatar ist also bei einem niedrigen Flow-Gefühl wichtiger als bei einem hohen Flow-Gefühl.

Die Hypothese zur moderierenden Variable Produktinvolvement konnte ebenso nur teilweise bestätigt werden. Durch einen Verglich der t-Werte konnte ein Unterschied zwischen den Teilgruppen bei den Hypothesen 5 und 7 festgestellt werden. Wie auch bei einem niedrigen Flow-Gefühl ist auch bei niedrigem Produktinvolvement die Ähnlichkeit zwischen Internetnutzer und Avatar wichtiger als bei hohem Produktinvolvement. Die Einstellung gegenüber dem Avatar beeinflusst das Markenvertrauen (H7) bei niedrigem Produktinvolvement stärker als bei hohem Produktinvolvement. Bei niedrigem Produktinvolvement ist der Konsument nur gering an dem Produkt interessiert, so dass er nicht gezielt nach Informationen sucht. Dadurch wird die Persuasionswirkung des Avatars erhöht.[467] Außerdem muss geprüft werden, ob eine Hypothese in einer Teilgruppe signifikant, jedoch in der anderen Teilgruppe nicht signifikant ist. Ein Vergleich der t-Werte innerhalb der beiden Gruppen zeigt, dass H1 und H4 bei hohem Produktinvolvement signifikant sind, bei niedrigem Produktinvolvement jedoch nicht bestätigt werden können. Hypothese 1 konnte in der Schätzung zur gesamten Stichprobe ebenfalls nicht verifiziert werden. Nach dem ELM Modell sollte die Attraktivität einen Reiz darstellen, der zu einer peripheren Verarbeitung beim Rezipienten führt. Interpretiert man das Produktinvolvement als relevante Einflussgröße der Informationsverarbeitungsbereitschaft, so sollten periphere Reize bei hohem Involvement keinen oder nur geringen Einfluss auf die Einstellung haben. Vereinzelte Forschungsergebnisse konnten jedoch nachweisen, dass auch bei hohem Produktinvolvement die Einstellung der Rezipienten durch Faktoren wie die Attraktivität positiv beeinflusst werden konnte.[468] Die Expertise bzw. die Qualität der Argumente (Hypothese 4) übt im Falle hohen Involvements eine positive Wirkung auf die Einstellung des Rezipienten gegenüber dem Avatar aus, im Falle geringen Involvements hingegen nicht. Im High-Involvementfall ist die Qualität der Kommunikationsnachricht besonders wichtig. Es reicht nicht aus, dass die Kommunikationsquelle einen Expertenstatus hat. Die erwartete Sachkenntnis wirkt sich nicht als peripherer Reiz aus.

Abschließend bleibt anzumerken, dass die Studie einigen Beschränkungen unterlag. Die Marke Ikea und der Avatar Anna wurden ausgewählt, weil man von einer großen Bekanntheit dieser Marke ausgehen kann. Die Meinungen bezüglich der Marke Ikea schwanken in der Bevölkerung jedoch stark, was einen Effekt auf die Ergebnisse der Untersuchung haben könnte. Es wäre möglicherweise von Vorteil gewesen, eine abstrakte Marke und einen abstrakten Avatar zu kreieren. Bei einer fiktiven Marke ist es jedoch schwierig, Konstrukte wie die Markenloyalität oder das Vertrauen abzubilden. Diese Größen könnten bei einer fiktiven Marke nur hypothetisch abgefragt werden. Des Weiteren entspricht die Zusammensetzung der Stichprobe nicht der realen Zusammensetzung der Gesamtbevölkerung. Dennoch konnten interessante Zusammenhänge zwischen Konstrukten aufgezeigt werden, die die Ableitung von Handlungsempfehlungen für die Unternehmenspraxis und die Marketingforschung zulassen.

[467] Vgl. Sirgy et al. (1997), S. 232.
[468] Vgl. z.B. Reingen/Keran (1993); Gierl/Praxmarer (2000).

4.6 Implikationen für Marketingpraxis und -forschung

Das hier dargestellte Modell konnte verdeutlichen, dass die Generierung einer positiven Einstellung gegenüber dem Avatar von großer Bedeutung für Unternehmen ist. Die Analyse der Faktoren, die die Einstellung des Konsumenten gegenüber dem Avatar beeinflussen, zeigt, dass die Interaktivität, die Sympathie und der Unterhaltungswert die wichtigsten Determinanten darstellen.[469]

Die Interaktivität des Avatars ist die wichtigste Determinante der Einstellung des Rezipienten gegenüber dem Avatar. Die Interaktivität begünstigt ferner die Wahrnehmung und Bewertung von Produkten und Marken. Das Verständnis von Internetinhalten und die Beziehung zu diesen werden durch die Interaktivität positiv beeinflusst.[470] Durch die Interaktivität erfährt der Rezipient Abwechslung, da er fortwährend mit neuen Reizen konfrontiert wird. Somit wird dem Verlangen nach Variety Seeking genüge getan und der Internetkunde wird davon abgehalten, zur nächsten Anbieterseite zu wechseln.[471] Daher sollten Unternehmen den Avatar im E-Commerce möglichst mit vielfältigen Interaktionsmöglichkeiten ausstatten. Der Avatar sollte über Animationen und gegebenenfalls über eine Sprachfunktion verfügen, wobei stets auf eine gewisses Maß an Realismus zu achten ist.

Die zweitwichtigste Determinante, die Sympathie entscheidet darüber, ob sich ein Internetnutzer dem Avatar zuwendet, sich von ihm beraten oder auch überzeugen lässt. Findet der Internetnutzer den Avatar sympathisch, ist eine Erhöhung seiner Aufmerksamkeit und seinem Interesse möglich. Wichtig dabei ist vor allem die Kommunikationsstärke des Avatars. Die Tonalität der Ansprache muss auf die Zielgruppe abgestimmt sein.[472] Ein Avatar mit einem einzigartigen Erscheinungsbild, der Vermittlung von Emotionen und hoher Sprachfähigkeit steigert außerdem die Attraktivität der Internetseite und ermöglicht es dem Anbieter, sich von seinen Wettbewerbern zu differenzieren. Der Avatar kann als Sympathieträger dafür verantwortlich sein, dass Internetnutzer immer wieder zu diesem Gesprächspartner zurückkehren und anderen Internetnutzern den Avatar sogar weiterempfehlen. Dieser Weiterempfehlung kommt im Internet ein besonderer Stellenwert zu, da ein Nutzer eine große Zahl von Men-

[469] Vergleich der Pfadkoeffizienten.
[470] Vgl. Macias (2003), ohne Seite.
[471] Vgl. Zuckerman (1994), S. 3.
[472] Vgl. Vetter (2003), S. 85.

schen mittels Newsgroups und ähnlicher internetbasierter Kommunikationskanäle erreichen kann.[473]

Der drittwichtigste Faktor, der die Einstellung des Internetnutzers gegenüber dem Avatar bestimmt, ist der Unterhaltungswert. Der Unterhaltungswert entscheidet darüber, ob bzw. in welchem Ausmaß sich ein Konsument mit einer Webseite beschäftigt. Eine längere und intensivere Beschäftigung mit der Webseite und den angebotenen Produkten kann sich günstig auf eine Kaufentscheidung des Kunden auswirken. Ein Unternehmen sollte daher darauf achten, den Avatar mit Animationen auszustatten, den Avatar schlagfertig zu konzipieren.

Darüber hinaus ist die Intelligenz (Expertise) des Avatars wichtig für die Kommunikation mit diesem.[474] Sofern der Avatar die Anfragen der Kunden nicht beantworten kann, führt dies zu Unzufriedenheit bei den Kunden. Es entsteht Frust und Enttäuschung und der Avatar verliert seine Daseinsberechtigung.[475] Besonders hoch involvierte Kunden achten auf die Sachkenntnis des Avatars und beurteilen seine Kompetenz.

Die Übereinstimmung der Persönlichkeit des Avatars mit der des Konsumenten knimmt zudem eine bedeutende Stellung im Rahmen der Einstellungsbildung ein. Daher kann es von Vorteil sein, dem Konsumenten unterschiedliche Avatare zur Verfügung zu stellen. So kann der Konsument den Avatar auswählen, der am besten zu ihm passt. Gerade bei geringem Produktinvolvement und oder einem geringem Flow-Gefühl der Konsumenten ist die Selbstkongruenz ein entscheidender Faktor um einen positiven Einfluss des Avatars auf die Einstellungen der Konsumenten zu bewirken. Die Ähnlichkeit von Konsument und Avatar begünstigt das Entstehen von Vertrauen.[476]

In Zeiten sich angleichender Produkte wird die Differenzierung der Produkte immer bedeutender. Um eine Marke erfolgreich am Markt halten zu können, müssen sich die Konsumenten loyal gegenüber dieser Marke verhalten. Die vorliegende Untersuchung zeigt die Bedeutung der Markenzuverlässigkeit für das Entstehen von Markenvertrauen. Die Markenzuverläs-

[473] Vgl. Silbermann/Töpfer (2008), S. 106.
[474] Vgl. Bühler/Piesk (2002), S. 10.
[475] Vgl. Lindner (2003), S. 10 ff.
[476] Vgl. Bauer/Neumann/Mäder (2005), S. 108.

sigkeit kommt in einem Erfüllen des Leistungsversprechens der Marke zum Ausdruck. Unternehmen sollten daher besonders die gleich bleibende Qualität der Marke sicherstellen, um die Erwartungen der Konsumenten nicht zu enttäuschen. Diese Untersuchung zeigt außerdem, dass das Markenvertrauen die wichtigste Determinante der Markenloyalität ist. Die Grundlage zur Stärkung des Markenvertrauens stellt die Erzeugung von Vertrauen in den Hersteller dar. Avatare können als Vertreter auf der Markenhomepage Vertrauen zu dem Anbieter bzw. Hersteller generieren. Sie können somit das Markenvertrauen und indirekt die Markenloyalität stärken.

Es konnte gezeigt werden, dass eine hohe Qualität der Beziehung zur Stärkung der Markenloyalität beiträgt. Die Markenbeziehungsqualität kann durch eine positive Einstellung des Internetnutzers gegenüber dem Avatar signifikant beeinflusst werden. Eine direkte Wirkung der Einstellung des Internetnutzers gegenüber dem Avatar auf die Markenloyalität konnte nicht verifiziert werden. Als wichtigster Faktor der Markenbeziehungsqualität, der sich auf die Markenloyalität auswirkt, konnte die Zufriedenheit identifiziert werden. Zufriedene Kunden befinden sich in einem psychologischen Gleichgewichtszustand, den sie erhalten möchten und daher eine zufrieden stellende Marke wiederkaufen, d.h. sich dieser Marke loyal gegenüber verhalten.[477] Daher ist es von entscheidender Bedeutung die Konsumenten mittels des Avatars zufrieden zu stellen und folglich seine Erwartungen an den Charakter zu erfüllen.

Die Erzeugung eines Flow-Gefühls bei Internetnutzern ist ebenso von großer Wichtigkeit. Die Ergebnisse dieser Studie zeigen, dass die Einstellung gegenüber dem Avatar eine direkte positive Wirkung auf die Markenloyalität hat, wenn der Internetnutzer ein Flow-Gefühl verspürt. Ein wichtiger Punkt dabei ist die Erzeugung bzw. die Erhöhung der Konzentration der Internetnutzer, was unter anderem durch die Schnelligkeit der Interaktion und geringe Antwortzeiten ermöglicht wird.[478]

Des Weiteren gibt es zahlreiche weitere Fragestellungen zu Avataren als Marketinginstrument zu klären. Die Evaluationsforschung sollte Methoden bereitstellen, die es möglich machen, Aufgabe, Nutzer-Profile und die optische Gestaltung des virtuellen Charakters optimal aufeinander abzustimmen. *Krämer* und *Bente* schlagen beispielsweise vor, zentrale Variablen bei

[477] Vgl. Homburg/Giering/Hentschel (2000), S. 90.
[478] Vgl. Bauer/Grether/Bormann (2001), S. 26.

der Gestaltung und Entwicklung von Avataren zu benennen. Sie unterscheiden dabei zwischen unabhängigen, abhängigen und moderierenden Variablen. Die unabhängigen Variablen stellen Verhalten, Fähigkeiten und das Erscheinungsbild des Avatars dar. Eine abhängige Variable ist z.B. die Einstellung des Internetnutzers. Als moderierende Variablen müssen das Alter, Geschlecht, die Expertise oder auch die Bildung des Nutzers mit einbezogen werden. Auch die Art der Aufgabe und die vorliegende Situation zählen zu den moderierenden Variablen, die möglicherweise Einfluss auf die Wirkung des Avatars nehmen.[479]

Darüber hinaus stellt die Analyse nonverbaler Verhaltensweisen von virtuellen Charakteren einen weiteren wichtigen Forschungsbereich dar. Die nonverbalen Verhaltensweisen üben einen Einfluss auf die interpersonelle Eindrucksbildung aus. D.h. die empfundene Attraktivität, Sympathie und Glaubwürdigkeit des virtuellen Charakters beeinflussen die Entfachung von Emotionen. Erst wenn diese Fragen geklärt sind, „kann vorhergesagt werden, welche Arten von AIAs[480] unter welchen Bedingungen auf welche Personengruppen welche Effekte verursachen. Ist ein solches Wissen verfügbar, so kann insbesondere auch die Realisation im Sinne der Implementierung von Avataren sich daran orientieren.[481]

Überdies ist zu überprüfen, ob die positive Wirkung eines Avatars abhängig von der Benutzungshäufigkeit ist. Ob ein häufiger, wiederholter Kontakt die positiven Wirkungen des Avatars verstärkt oder verringert. Von hohem Interesse ist auch die Frage, ob ein Avatar es ermöglicht, das Markenimage positiv zu beeinflussen. So könnte durch den Einsatz eines Avatars die Veränderung der Markenpersönlichkeit möglich sein. Untersuchungen belegen bereits einen Einfluss von Testimonials auf das Markenimage.[482] Darüber hinaus ist eine vom Medium Internet abweichende Untersuchung zur Eignung von Avataren vornehmen, wie z. B. im Bereich des Mobile Marketing (Avatare beraten durch ein Handy). Auch ist eine spezifische Wirkung von Avataren bei verschiedenen Produktarten oder Branchen zu vermuten.

---

479 Vgl. Krämer/Bente (2002), S. 217 f.
480 AIAs steht für anthropomorphe Interface Agenten.
481 Krämer/Bente (2001), ohne Seite.
482 Vgl. Lynch/Schuler (1994), S. 418 ff.

5 Schlussbetrachtung

Das Ziel der Studie war die Untersuchung des Einflusses der Einstellung gegenüber einem Avatar auf das Markenvertrauen, die Markenbeziehungsqualität und schließlich auf die Markenloyalität. Darüber hinaus galt es, Faktoren zu bestimmen, die die Einstellung gegenüber dem Avatar positiv beeinflussen. Die empirische Untersuchung mit PLS zeigte, dass sämtliche theoretisch identifizierten Determinanten, bis auf die physische Attraktivität, die Einstellung gegenüber dem Avatar positiv beeinflussen. Die Einstellung gegenüber dem Avatar kann dabei vor allem durch die Faktoren Interaktivität, Sympathie und der Unterhaltungswert erhöht werden. Die Interaktivität und die Sympathie sind dabei Schlüsselfaktoren für eine Zuwendung zum Avatar aufzufassen. Die positiven Wirkungen des Avatars auf das Markenvertrauen und die Markenbeziehungsqualität konnten ebenfalls verifiziert werden. Bezüglich der Einstellung gegenüber dem Avatar konnte jedoch lediglich ein indirekter Einfluss auf die Markenloyalität über das Vertrauen und die Beziehungsqualität festgestellt werden. Des Weiteren wurde das Modell im Zusammenhang mit den zwei moderierenden Variablen Flow und Produktinvolvement auf Unterschiede geprüft.

Durch die gewonnenen Erkenntnisse wurden Ansatzpunkte für die Unternehmenspraxis deutlich, mit denen ein Unternehmen mittels eines Avatars die Bindung seiner Kunden an die Marke langfristig stärken kann. Den Abschluss der Untersuchung bildete die Aufdeckung weiterer interessanter Forschungsansätze. Von besonderem Interesse ist dabei die Erforschung weiterer Determinanten, die die Einstellung des Konsumenten gegenüber dem Avatar erklären können. Darüber hinaus scheint eine kontinuierliche Erforschung des Einflusses von Avataren auf das Konsumentenverhalten ratsam, da zukünftig, durch die rasanten Entwicklungen im Bereich der PC-Hardware und den Übertragungsraten des Internets, der Einsatz verstärkt interaktiver und sogar auf die Körpersprache des Menschen reagierender Avatare möglich sein wird. Diese Entwicklungen werden den Unterschied zwischen persönlicher Beratung und Beratung im Internet weiter verringern.

Literaturverzeichnis

Aaker, Jennifer L. (1997): Dimensions of Brand Personality, in: Journal of Marketing Research, Vol. 34, No. 3, pp. 347-356.

Aaker, Jennifer L.; Fournier, Susan; Brasel, Adam S. (2004): When Good Brands Do Bad, in: Journal of Consumer Research, Vol. 31, Iss. 1, pp. 1-16.

AGOF (2008): Berichtsband – Teil 1 zur internet facts 2007-IV, http://www.agof.de/if-2007-iv-teil-1-online.download.c86bcf5e846204953bc3cb16de1b4566.pdf, letzter Abruf: 10.6.2008.

Ahearne, Michael; Gruen, Thomas W.; Jarvis, Cheryl .B. (1999): If looks could sell: Moderation and mediation of the attractiveness effect on salesperson performance, in: International Journal of Research in Marketing, Vol. 16, No. 4, pp. 269–284.

Ajzen, Icek (1988): Attitudes, personality and behaviour, Milton Keynes.

Ajzen, Icek (1991): The Theory of Planned Behavior, in: Organizational Behavior and Human Decision Processes, Vol. 50, pp. 179-211.

Albers, Sönke; Götz, Oliver (2006): Messmodelle mit Konstrukten zweiter Ordnung in der betriebswirtschaftlichen Forschung, in: Die Betriebswirtschaft, Jg. 66, Heft 6, S. 669-677.

Anderson, Eugene W.; Sullivan, Mary W. (1993): The Antecedents and Consequences of Customer Satisfaction for Firms, in: Marketing Science, Vol. 12, No. 2, pp. 125-143-

Babin, Laurie A.; Babin, Barry J.; Boles, James S. (1999): The effects of consumer perceptions of the salesperson, product and dealer on purchase intentions, in: Journal of Retailing and Consumer Services, Vol. 6, Iss. 2, pp. 91-97.

Bachfeld, Sigrun; Christensen, Anne; Christof, Jürgen (2005): Automatische Auskunftsgespräche? Anforderungen an den Einsatz von Chatbots in Bibliotheken, http://www.opus-bayern.de/bib-info/volltexte/2007/274/pdf/chatbot_stella.pdf, letzter Abruf: 16.5.2008.

Backhaus, Klaus; Erichson, Bernd; Plinke, Wulff; Weiber, Rolf (2006): Multivariate Analysemethoden: Eine anwendungsorientierte Einführung, 11. überarbeitete Auflage, Berlin, Heidelberg, New York.

Bath, Corinna (2001): Was können uns Turing-Tests von Avataren sagen? Performative Aspekte virtueller Verkörperungen im Zeitalter der Technoscience, http://bieson.ub.uni-bielefeld.de/volltexte/2002/89/html/Bath.pdf, letzter Abruf: 14.5.2008.

Bauer, Hans H.; Grether, Mark; Borrmann, Ulrike (2001): Die Erklärung des Nutzerverhaltens in elektronischen Medien mit Hilfe der Flow-Theorie, in: Marketing ZFP, Jg. 23, Heft 1, S. 17-30.

Bauer, Hans H.; Mäder, Ralf; Fischer, Christian (2003): Determinanten der Wirkung von Online Markenkommunikation, in: Marketing ZFP, Jg. 25, Heft 4, S. 227-241.

Bauer, Hans H.; Mäder, Ralf; Huber, Frank (2002): Markenpersönlichkeit als Determinante von Markenloyalität, in: Schmalenbachs Zeitschrift für betriebswirtschaftliche Forschung, Jg. 54, Nr. 12, S. 687-709.

Bauer, Hans H.; Neumann, Marcus M.; Mäder, Ralf (2005): Die Wirkung von Avataren im elektronischen Handel, Eine experimentelle Untersuchung unter besonderer Berücksichtigung des Vertrauenskonstrukts, in: Marketing ZFP, Jg. 27, Heft 2, S. 98-114.

Bente, Gary; Otto, Ingolf (1996): Virtuelle Realität und parasoziale Interaktion: Zur Analyse sozio-emotionaler Wirkungen computer-simulierten nonverbalen Kommunikationsverhaltens, in: Medienpsychologie, Jg. 8, Heft 3, S. 217-256.

Bente, Gary; Krämer, Nicole C.; Petersen, Anita (2002): Virtuelle Realität als Gegenstand und Methode der Psychologie, in: Bente, Gary; Krämer, Nicole C.; Petersen, Anita (Hrsg.): Virtuelle Realitäten, Göttingen, S. 1-31.

Bergler, Reinhold; Hoff, Tanja (2001): Psychologie des ersten Eindrucks: die Sprache der Haare: eine empirische Analyse zur Psychologie des Alltagsverhaltens in den baltischen Staaten, Deutschland, Rumänien, Russland, der Türkei und Ukraine, Köln.

Berlyne, Daniel E. (1978): Curiosity and Learning, in: Motivation and Emotion, Vol. 2, No. 2, pp. 97-175.

Biocca, Frank; Harms, Chad; Gregg, Jenn (2001): The Networked Minds Measure of Social Presence: Pilot Test of the Factor Structure and Concurrent Validity, http://www.temple.edu/ispr/prev_conferences/proceedings/2001/Biocca2.pdf, letzter Abruf: 9.6.2008.

Biocca, Frank; Harms, Chad (2002): Defining and measuring social presence: Contribution to the Networked Minds Theory and Measure, http://www.temple.edu/ispr/prev_conferences/proceedings/2002/Final%20papers/Biocca%20and%20Harms.pdf, letzter Abruf: 9.6.2008.

Blackston, Max (1992): Observations: Building Brand Equity by Managing the Brand's Relationships, in: Journal of Advertising Research, Vol. 32, No. 3, pp. 79-83.

Blens, Heike; Krämer, Nicole C; Bente, Gary (2003): Virtuelle Verkäufer. Die Wirkung von anthropomorphen Interface Agenten in WWW und e-commerce, in: Szwillus, Gerd; Ziegler, Jürgen (Hrsg.): Mensch & Computer 2003: Interaktion in Bewegung, Stuttgart, S. 297-306.

Blumer, Jay G. (1979): The Role of Theory in Uses and Gratifications Studies, in: Communication Research, Vol. 6, No. 1, S. 9-36.

Braun, Alexander (2003): Chatbots in der Kundenkommunikation, Berlin, Heidelberg.

Braunstein, Christine (2001): Einstellungsforschung und Kundenbindung: zur Erklärung des Treueverhaltens von Konsumenten, Wiesbaden.

Brenner, Walter; Zarnekow, Rüdiger; Wittig, Hartmut (1998): Intelligente Softwareagenten: Grundlagen und Anwendungen, Berlin u.a.

Bühler, Kai (2003): Schön – Schnell – Schlau: Online-Marketing mit Avataren, in: Lindner, Christian (Hrsg.): Avatare: Digitale Sprecher für Marketing und Business, Berlin, Heidelberg, S. 111-120.

Bühler, Kai; Piesk, Jens (2002): Personalisierung – Mit virtuellen Charakteren Image gewinnen, http://www.absatzwirtschaft.de/pdf/sf/online-marketing.pdf, letzter Abruf: 21.5.2008.

Buschmann, Marco (2003): Strategien für Dialogführungssysteme – Automation der Kundenkommunikation im Kontaktkanal Internet, in: Lindner, Christian (Hrsg.): Avatare: Digitale Sprecher für Business und Marketing, Berlin, Heidelberg, S. 95-108.

Caballero, Marjorie J.; Pride, William M. (1984): Selected Effects of Salesperson Sex and Attractiveness in Direct Mail Advertisements, in: Journal of Marketing, Vol. 48, No. 4, pp. 94-100.

Cassell, Justine (2000): Nudge Nudge Wink Wink: Elements of Face-to-Face Conversation for Embodied Conversational Agents, in: Cassell, Justine; Sullivan, Joseph; Prevost, Scott; Churchill, Elizabeth (Eds.): Embodied Conversational Agents, London, pp. 1-27.

Cassell, Justine; Sullivan, Joseph; Prevost, Scott; Churchill, Elizabeth (2000): Embodied Conversational Agents, London.

Chaudhuri, Arjun; Holbrook, Morris B. (2001): The Chain of Effects from Brand Trust and Brand Affect to Brand Performance: The Role of Brand Loyalty, in: Journal of Marketing, Vol. 65, No. 2, pp. 81-93.

Chaudhuri, Arjun; Holbrook, Morris B. (2002): Product-class effects on brand commitment and brand outcomes: The role of brand trust and brand affect, in: Brand Management, Vol. 10, No. 1, pp. 33–58.

Chen, Qimei; Wells, William D. (1999): Attitude toward the Site, in: Journal of Advertising Research, Vol. 39, No. 5, pp. 27-37.

Churchill, Gilbert A.; Collins, Robert H.; Strang, William A. (1975): Should Retail Salespersons Be Similar to Their Customers?, in: Journal of Retailing, Vol. 51, No. 3, pp. 29-42.

Craik, Fergus I.; Lockhart, Robert S. (1972): Levels of Processing: A Framework for Memory Research, in: Journal of Verbal Learning and Verbal Behavior, Vol. 11, pp. 671-684.

Csikszentmihalyi, Mihaly (1996): Das Flow-Erlebnis: jenseits von Angst und Langeweile: im Tun aufgehen, 6. Auflage, Stuttgart.

Csikszentmihalyi, Mihaly (2006): Flow im Beruf. Das Geheimnis des Glücks am Arbeitsplatz, in: Boersch, Cornelius; Von Diest, Friedrich (Hrsg.): Das Summa Summarium des Erfolgs, Die 25 wichtigsten Werke für Motivation, Effektivität und persönlichen Erfolg, Wiesbaden, S. 157-172.

Deci, Edward L. (1975): Intrinsic Motivation, New York, London.

Dehn, Doris M.; van Mulken, Susanne (2000): The impact of animated interface agents: a review of empirical research, in: International Journal of Human-Computer Studies, Vol. 52, No. 1, pp. 1-22.

Delgado-Ballester, Elena; Munuera-Alemán, José L. (2001): Brand trust in the context of consumer loyalty, in: European Journal of Marketing, Vol. 35, No. 11/12, pp. 1238-1258.

Delgado-Ballester, Elena; Munuera-Alemán, José L.; Yagüe-Guillén, María J. (2003): Development and validation of a brand trust scale, in: International Journal of Market Research, Vol. 45, Quarter 1, pp. 35-53.

DeShields, Oscar W.; Kara, Ali; Kaynak, Erdener (1996): Source effects in purchase decisions: The impact of physical attractiveness and accent of salesperson, in: International Journal of Research in Marketing, Vol. 13, No. 1, pp. 89-101.

Diamantopoulos, Adamantios; Winklhofer, Heidi M. (2001): Index Construction with Formative Indicators: An alternative to Scale Development, in: Journal of Marketing Research, Vol. 38, Iss. 2, pp. 269-277.

Diehl, Sandra; Terlutter, Ralf; Weinberg, Peter (2007): Die Wirkung von Interaktivität in Onlineshops auf den Kunden, Empirische Untersuchung von Onlineshops mit unterschiedlichen Graden an Interaktivität, in: Bayón, Thomás; Hermann, Andreas; Huber, Frank (Hrsg.): Vielfalt und Einheit in der Marketingwissenschaft, Ein Spannungsverhältnis, Wiesbaden, S. 479-489.

Donovan, Robert J.; Rossiter, John R. (1982): Store Atmosphere: An Environmental Psychology Approach, in: Journal of Retailing, Vol. 58, No. 1, pp. 34-57.

Döring, Nicole (1999): Sozialpsychologie des Internets: Die Bedeutung des Internets für Kommunikationsprozesse, Identitäten, soziale Beziehungen und Gruppen, Göttingen u.a.

Duden (1971): Fremdwörterbuch, Band 5, 2. verbesserte und vermehrte Auflage, Mannheim.

Eighmey, John; McCord, Lola (1998): Adding Value in the Information Age: Uses and Gratifications of Sites on the World Wide Web, in: Journal of Business Research, Vol. 41, Iss. 3, pp. 187-194.

Elliot, Clark; Brezezinski, Jecek (1998): Autonomous Agents as Synthetic Characters, in: AI Magazine, Vol. 19, No. 2, pp. 13-30.

Fahrmeir, Ludwig; Künstler, Rita; Pigeot, Iris; Tutz, Gerhard (2003): Statistik: Der Weg zur Datenanalyse, 4., verbesserte Auflage, Berlin, Heidelberg.

Festinger, Leon (1978): Theorie der kognitiven Dissonanz, Berlin, Stuttgart, Wien.

Fischer, Lorenz; Wiswede, Günter (1997): Grundlagen der Sozialpsychologie, Wien.

Fogg, BJ; Nass, Clifford (1997): Silicon sycophants: the effects of computers that flatter, in: International Journal of Human-Computer Studies, Vol. 46, No. 5, pp. 551-561.

Foscht, Thomas; Swoboda, Bernhard (2007): Käuferverhalten: Grundlagen – Perspektiven – Anwendungen, 3., aktualisierte Auflage, Wiesbaden.

Fournier, Susan (1998): Consumers and Their Brands: Developing Relationship Theory in Consumer Research, in: Journal of Consumer Research, Vol. 24, No. 4, pp. 343-373.

Fröhner, Maja (2003): PIA – der virtuelle Einkaufs-Guide - Eine Fallstudie des Club Bertelsmann: in: Lindner, Christian (Hrsg.): Avatare: Digitale Sprecher für Business und Marketing, Berlin, Heidelberg, S. 151-156.

Ganesan, Shankar (1994): Determinants of Long-Term Orientation in Buyer-Seller Relationships, in: Journal of Marketing, Vol. 58, No. 2, pp. 1-19.

Garbarino, Ellen; Johnson, Mark S. (1999): The Different Roles of Satisfaction, Trust, and Commitment in Customer Relationships, in: Journal of Marketing, Vol. 63, No. 2, pp. 70-87.

Gerbing, David W.; Anderson, James C. (1988): An Updated Paradigm for Scale Development Incorporating Unidimensionality and Its Assessment, in: Journal of Marketing Research, Vol. 25, No. 2, pp. 186-192.

Ghani, Jawaid A.; Deshpande, Satisch P. (1994): Task Characteristics and the Experience of Optimal Flow in Human-Computer Interaction, in: The Journal of Psychology, Vol. 128, No. 4, pp. 381-391.

Ghose, Sanjoy; Dou, Wenyu (1998): Interactive Functions and Their impacts on the Appeal of Internet Presence Sites, in: Journal of Advertising Research, Vol. 38, No. 2, pp. 29-43.

Gierl, Heribert; Praxmarer, Sandra (2000): Attraktive Kommunikatoren in der Anzeigenwerbung und Einstellungen der Rezipienten, in: Marketing ZFP, Jg. 22, Heft 1, S. 25-42.

Goffman, Erving (1991): Wir alle spielen Theater: Die Selbstdarstellung im Alltag, München.

Götz, Oliver; Liehr-Gobbers, Kerstin (2004): Analyse von Strukturgleichungsmodellen mit Hilfe der Partial-Least-Squares-(PLS)-Methode, in: Die Betriebswirtschaft, 64, Nr. 6, S. 714-738.

Hammann, Peter; Erichson, Bernd (2000): Marktforschung, 4. überarb. und erw. Auflage, Stuttgart.

Hanser, Peter; Schnettler, Daniel (2001): Mein Freund, der Avatar, in: absatzwirtschaft, Zeitschrift für Marketing, Nr. 7, S. 86-89.

Harrel, Gilbert D.; Bennett, Peter D. (1974): An Evaluation of the Expectancy Value Model of Attitude Measurement for Physician Prescribing Behavior, in: Journal of Marketing Research, Vol. 11, No. 3, pp. 269-278.

Hartmann, Tilo; Klimmt, Christoph; Vorderer, Peter (2001): Avatare: Parasoziale Beziehungen zu virtuellen Akteuren, in: Medien und Kommunikationswissenschaft, Jg. 49, Nr. 3, S. 350-368.

Heider, Fritz (1977): Psychologie der interpersonalen Beziehungen, Stuttgart.

Heider, Fritz (1978): Einstellungen und kognitive Organisation, in: Stroebe, Wolfgang (Hrsg.): Sozialpsychologie, Bd. 1, Interpersonelle Wahrnehmung und soziale Einstellungen, Darmstadt, S. 269-276.

Henseler, Jörg (2005): Einführung in die PLS-Pfadmodellierung, in: Wirtschaftswissenschaftliches Studium (WiSt), Heft 2, S. 70-75.

Henss, Ronald (1992): „Spieglein, Spieglein an der Wand...", Geschlecht, Alter und psychische Attraktivität, Saarbrücken.

Herkner, Werner (2001): Lehrbuch Sozialpsychologie, 2. unveränderte Auflage, Bern.

Hermann, Andreas (1998): Produktmanagement, München.

Hermann, Andreas; Huber, Frank (1997): Kundenloyalität als Erfolgsdeterminante im Marketing: Ergebnisse einer kausalanalytischen Studie im Automobilsektor, in: Journal für Betriebswirtschaft, Jg. 47, Nr. 1, S. 4-25.

Hermanns, Arnold (1997): Sponsoring: Grundlagen, Wirkungen, Management, Perspektiven, 2., völlig überarbeitete und erweiterte Auflage, München.

Hippel, Klemens (1992): Parasoziale Interaktion, Bericht und Bibliographie, in: montage/av, 1,1, S. 135-145.

Hoffmann, Donna L.; Novak, Thomas P. (1996): Marketing in Hypermedia Computer-Mediated Environments: Conceptual Foundations, in: Journal of Marketing, Vol. 60, No. 3, pp. 50-68.

Hoffmann, Donna L.; Novak, Thomas P.; Peralta, Marcos A. (1999): Information Privacy in the Marketspace: Implications for the Commercial Uses of Anonymity on the Web, in: Information Society, Vol. 15, Iss. 2, pp. 129-139.

Holzwarth, Martin; Janiszewski, Chris; Neumann, Marcus M. (2006): The Influence of Avatars on Online Consumer Shopping Behavior, in: Journal of Marketing, Vol. 70, No. 4, pp. 19-36.

Homburg, Christian; Giering Annette (1998): Konzeptionalisierung und Operationalisierung komplexer Konstrukte – Ein Leitfaden für die Marketingforschung, in: Hildebrandt, Lutz; Homburg, Christian (Hrsg.): Die Kausalanalyse: ein Instrument der empirischen betriebswirtschaftlichen Forschung, Stuttgart, S. 111-146.

Homburg, Christian; Giering, Annette (2001): Messung von Markenzufriedenheit und Markenloyalität, in: Esch, Franz-Rudolf (Hrsg.): Moderne Markenführung, Grundlagen, Innovative Ansätze, Praktische Umsetzungen, 3. erweiterte und aktualisierte Auflage, Wiesbaden, S. 1159-1170.

Homburg, Christian; Becker, Annette; Hentschel, Frederike (1998): Der Zusammenhang zwischen Kundenzufriedenheit und Kundenbindung, in: Bruhn, Manfred; Homburg, Christian (Hrsg.): Handbuch Kundenbindungsmanagement: Grundlagen – Konzepte-Erfahrungen, Wiesbaden, S. 81-112.

Homburg, Christian; Giering, Annette; Hentschel Frederike (2000): Der Zusammenhang zwischen Kundenzufriedenheit und Kundenbindung, in: Bruhn, Manfred; Homburg, Christian (Hrsg.): Handbuch Kundenbindungsmanagement: Grundlagen – Konzepte - Erfahrungen, 3., überarbeitete und erweiterte Auflage, S. 81-112.

Horai, Johann; Naccari Nicholas; Fatoullah, Elliot (1974): The Effects of Expertise and Physical Attractiveness Upon Opinion Agreement and Liking, in: Sociometry, Vol. 37, No. 4, pp. 601-606.

Horton, Donald; Wohl, Richard R. (1956): Mass Communication and Para-social Interaction: Observations on Intimacy at a Distance, http://www.aber.ac.uk/media/Modules/TF33120/horton_and_wohl_1956.html, letzter Abruf: 16.3.2008.

Horton, Donald; Wohl, Richard R. (1979): Mass Communication and Para-Social Interaction Observations on Intimacy at a Distance, in: Gumpert, Gary; Cathcart, Robert (Eds.): Inter/Media: interpersonal communication in a new media world, New York, pp. 32-55.

Hovland, Carl I.; Irving, Janis L.; Kelley, Harold H. (1953): Communication and Persuasion, Psychological Studies of Opinion Change, New Haven, London.

Huber, Frank; Hermann, Andreas; Kressmann, Frank; Vollhardt, Kai (2005): Zur Eignung von kovarianz- und varianzbasierten Verfahren zur Schätzung komplexer Strukturgleichungsmodelle, Wissenschaftliche Arbeitspapiere, F1, Universität Mainz.

Huber, Frank; Hermann, Andreas; Meyer, Frederik; Vogel, Johannes; Vollhardt, Kai (2007): Kausalmodellierung mit Partial Least Squares, Eine anwendungsorientierte Einführung, Wiesbaden.

Hulland, John (1999): Use of partial least squares (PLS) in strategic management research: A review of four recent studies, in: Strategic Management Journal, Vol. 20, No.2, pp. 195-204.

Ikea Daten & Fakten (2007): http://www.ikea.com/ms/de_DE/about_ikea/facts_figures/facts figures07.pdf, letzter Abruf: 18.4.2008.

Jamal, Ahmad; Goode, Mark M. (2001): Consumers and brands: a study of the impact of self-image congruence on brand preference and satisfaction, in: Marketing Intelligence & Planning, Vol. 19, No. 7, pp. 482-492.

Kahle, Lynn R.; Homer, Pamela M. (1985): Physical Attractiveness of the Celebrity Endorser: A Social Adaptation Perspective, in: Journal of Consumer Research, Vol. 11, No. 4, pp. 954-961.

Katz, Elihu; Blumer, Jay G.; Gurevitch, Michael (1973): Uses and Gratifications Research, in: Public Opinion Quarterly, Vol. 37, No. 4, pp. 509-523.

Kenny, David; Marshall, John F. (2000): Contextual Marketing: The Real Business of the Internet, in: Harvard Business Review, Vol. 78, No. 6, pp. 119-125.

Kiesler, Sara; Sproull, Lee (1997): "Social" Human-Computer Interaction, in: Friedman, Batya (Ed.): Human values and the design of computer technology, Stanford, Cambridge, pp. 191-199.

Kilian, Karsten (2004): Qualität von Markenbeziehungen, Gender-übergreifende oder Gender-spezifische Markenbeziehungsqualität?, http://www.markenlexikon.com/d_texte/markenbeziehungsqualitaet_kilian_2004.pdf, letzter Abruf: 11.4.2008.

Kim, Jihyun; Fioreb, Ann M.; Lee, Hyun H. (2007): Influences of online store perception, shopping enjoyment, and shopping involvement on consumer patronage behavior towards an online retailer, in: Journal of Retailing and Consumer Services, Vol. 14, Iss. 2, pp. 95–107.

Koda, Tomoko; Maes, Pattie (1996): Agents with Faces: The Effects of Personification of Agents, http://74.125.39.104/search?q=cache:hQVlLpBdot4J:www.media.mit.edu/~tomoko/docs/HCI_final.doc.ps+Agents+with+faces:+the+effect+of+personification&hl=de&ct=clnk&cd=3, letzter Abruf: 28.5.2008.

Krämer, Nicole C. (2004): Mensch-Computer-Interaktion, in: Mangold, Roland; Vorderer, Peter; Bente, Gary (Hrsg.): Lehrbuch der Medienpsychologie, Göttingen, S. 643-671.

Krämer, Nicole C.; Bente, Gary (2001): Mehr als Usability: (Sozial-)psychologische Aspekte bei der Evaluation von anthropomorphen Interface-Agenten, http://www.embassi.de/publi/veroeffent/evalNP016KHM01.pdf, letzter Abruf: 10.6.2008.

Krämer, Nicole C.; Bente, Gary (2002): Virtuelle Helfer: Embodied Conversational Agents in der Mensch-Computer-Interaktion, in: Bente, Gary; Krämer, Nicole C; Petersen, Anita (Hrsg.): Virtuelle Realitäten, Göttingen, S. 203-225.

Kressmann, Frank; Sirgy, Joseph M.; Hermann, Andreas; Huber, Frank; Huber, Stephanie; Lee, Dong-Jin (2006): Direct and indirect effects of self-image congruence on brand loyalty, in: Journal of Business Research, Vol. 59, Iss. 9, pp. 955–964.

Kroeber-Riel, Werner; Weinberg, Peter (2003): Konsumentenverhalten, 8. aktualisierte und ergänzte Auflage, München.

Kuß, Alfred; Tomczak, Torsten (2000): Käuferverhalten: eine marketingorientierte Einführung, 2. völlig neu bearb. Auflage, Stuttgart.

Langer, Ulrike (2008): Virtuelle Lotsen im Netz, in: W&V Media, Nr. 01-02, S. 40.

Lefevre, Judith (1988): Flow and the Quality of Experience during Work and Leisure, in: Csikszentmihalyi, Mihaly; Csikszentmihalyi, Isabella S. (Eds.): Optimal experience: Psychological studies of flow in consciousness, Cambridge, pp. 307-318.

Lester, James C.; Converse, Sharolyn A.; Kahler, Susan E.; Barlow, Todd S.; Stone, Brain A.; Bhogal, Ravinder S. (1997): The Persona Effect: Affective Impact of Animated Pedagogical Agents, Conference on Human Factors in Computing Systems, Proceedings of the SIGCHI conference on Human factors in computing systems, pp. 359-366.

Levy, Sidney J. (1959): Symbols for Sale, in: Harvard Business Review, Vol. 37, Iss. 4, pp. 117-124.

Lihotzky, Nikolai (2003): Kundenbindung im Internet, Maßnahmen und Erfolgwirksamkeit im Business-to-Consumer Bereich, Wiesbaden.

Lindner, Christian (2003): Wer braucht wofür Avatare? Konzeption und Implementierung natürlichsprachlicher Systeme - Zur Einführung, in: Lindner, Christian (Hrsg.): Avatare: Digitale Sprecher für Business und Marketing, Berlin, Heidelberg, S. 3-24.

Lombard, Matthew; Ditton, Theresa (1997): At the Heart of It All: The Concept of Presence, http://www.blackwell-synergy.com/doi/full/10.1111/j.1083-6101.1997.tb00072.x, letzter Abruf: 14.5.2008.

Lynch, James; Schuler, Drue (1994): The Matchup Effect of Spokesperson and Product Congruency: A Schema Theory Interpretation, in: Psychology and Marketing, Vol. 11, No. 5, pp. 417-445.

MacKenzie, Scott B.; Lutz, Richard J.; Belch, George E. (1986): The Role of Attitude toward the Ad as a Mediator of Advertising Effectiveness: A Test of Competing Explanations, in: Journal of Marketing Research, Vol. 23, No. 2, pp. 130-143.

Marcias, Wendy (2003): A Preliminary Structural Equation Model of Comprehension and Persuasion of Interactive Advertising Brand Web Sites, http://www.jiad.org/vol3/no2/macias/index.htm, letzter Abruf: 4.4.2008.

Maslow, Abraham H. (1971): The Farther Reaches of Human Nature, New York.

Massimi, Fausto; Carli, Massimo (1988): The systematic assessment of flow in daily experience, in: Csikszentmihalyi, Mihaly; Csikszentmihalyi, Isabella, S. (Eds.): Optimal experience: Psychological studies of flow in consciousness, Cambridge, pp. 266-287.

McMillian, Sally J.; Hwang, Jang-Sun (2002): Measures of Perceived Interactivity: An Exploration of the Role of Direction of Communication, User Control, and Time in Shaping Perceptions of Interactivity, in: Journal of Advertising, Vol. 26, No. 3, pp. 29-42.

Meffert, Heribert (2000): Marketing, Grundlagen marktorientierter Unternehmensführung, Konzepte – Instrumente - Praxisbeispiele, 9. Auflage, Wiesbaden.

Morgan, Robert M.; Hunt, Shelby H. (1994): The Commitment-Trust Theory of Relationship Marketing, in: Journal of Marketing, Vol. 58, No. 3, pp. 20-38.

Mori, Masahiro (1970): The Uncanny Valley, http://www.androidscience.com/theuncanny valley/proceedings2005/uncannyvalley.html, letzter Abruf: 3.6.2008.

Mummert & Partner (2001): Virtuelle Assistenten: Geheimwaffe gegen Milliardenverluste im Internet, http://www.presseportal.de/meldung/234289/, letzter Abruf: 20.5.2008.

Muther, Andreas (2001): Electronic Customer Care: die Anbieter-Kunden-Beziehung im Informationszeitalter, 3., überarbeitete Auflage, Berlin, Heidelberg.

Myers, Brad A. (1998): A Brief History of Human-Computer Interaction Technology, in: interactions, Vol. 5, No. 2, pp. 44-54.

Nass, Clifford, Moon, Youngme; Fogg, BJ; Reeves, Byron; Dryer, Christopher D. (1995): Can computer personalities human personalities, in: International Journal of Human-Computer Studies, Vol. 43, No. 2, pp. 223-239.

Nass, Clifford; Moon, Youngme (2000): Machines and Mindlessness: Social Responses to Computers, in: Journal of Social Issues, Vol. 56, No. 1, pp. 81-103.

Nass, Clifford, Steuer, Jonathan; Hendriksen, Lisa; Dryer, Christopher D. (1994): Machines, social attributions, and ethopoeia: performance assessments of computers subsequent to "self-" or "other" evaluations, in: International Journal of Human-Computer Studies, Vol. 40, No. 3, pp. 543-559.

Nass, Clifford; Steuer, Jonathan; Tauber, Ellen R. (1994): Computers are Social Actors, in: Proceeding of the CHI Conference, 72-78, Boston.

Nass, Clifford; Isbister, Katherine; Lee, Eun-Ju (2000): Truth is Beauty: Researching Embodied Conversational Agents, in: Cassell, Justine; Sullivan, Joseph; Prevost, Scott; Churchill, Elizabeth (Eds.): Embodied Conversational Agents, London, pp. 374-402.

Nieschlag, Robert; Dichtl, Erwin; Hörschgen, Hans (2002): Marketing, 19., überarbeitete und ergänzte Auflage, Berlin.

Novak, Thomas; Hoffman, Donna L.; Yung, Yiu-Fai (2000): Measuring the Customer Experience in Online Environments: A Structural Modeling Approach, in: Marketing Science, Vol. 19, No. 1, pp. 22-42.

Novomind (2007): Vernetzte Kunden –Wie Web 2.0 das Online-Shopping verändert, S. 1-26.

Nunally, Jum C. (1967): Psychometric theory, New York u.a.

Ohanian, Roobina (1990): Construction and Validation of a Scale to Measure Celebrity Endorser' Perceived Expertise, Trustworthiness, and Attractiveness, in: Journal of Advertising, Vol. 19, No. 3, pp. 39-52.

O.V. (2001): Pressemitteilung. Yello Strom hat ein neues Gesicht: Eve – die Frau aus dem Internet, in: http://www.yellostrom.de/presse/deutsch/pressemitteilungen/2001/yello-hat-ein-neues-gesicht-eve/index.html?start=2001, letzter Abruf: 16.5.2008.

Pape, Lutz-Peter (2003): Ein Quantensprung für Dialogsysteme, in: Lindner, Christian (Hrsg.): Avatare: Digitale Sprecher für Marketing und Business, Berlin, Heidelberg, S. 51-67.

Parke, Frederic I. (1991): Techniques of facial animation, in: Magnenat-Thalmann, Nadia; Thalmann, Daniel (Eds.): New trends in animation and visualization, Chichester, pp. 229-241.

Peter, Paul J. (1979): Reliability: A Review of Psychometric Basics and Recent Marketing Practices, in: Journal of Marketing Research, Vol. 14, No.1, pp. 6-17.

Peter, Sibylle I. (1997): Kundenbindung als Marketingziel: Identifikation und Analyse zentraler Determinanten, Wiesbaden.

Petty, Richard E.; Cacioppo, John T. (1984): Source Factors and the Elaboration Likelihood Model of Persuasion, in: Advances in Consumer Research, Vol. 11, No. 1, pp. 668-672.

Petty, Richard E.; Cacioppo, John T. (1986): Communication and Persuasion: Central and Peripheral Routes of Attitude Change, Berlin u.a.

Praxmarer, Sandra (2006): Auswirkungen der Attraktivität von Testimonials auf Einstellungen von Zielpersonen: Welche Auffassung der Match-up Hypothese ist haltbar?, in: Die Unternehmung, Jg. 60, Nr. 6, S. 443-457.

Quintanar, Leo R.; Crowell, Charles R.; Pryor, John B.; Adamopoulos, John (1982): Human Computer Interaction: A preliminary social psychological analysis, in: Behavior Research Methods & Instrumentation, Vol. 14, No. 2, pp. 210-220.

Reeves, Byron; Nass, Clifford (1998): The Media Equation. How People Treat Computers, Television and New Media like Real People and Places, Stanford.

Reingen, Peter H.; Kernan, Jerome B. (1993): Social Perception and Interpersonal Influence: Some Consequences of the Physical Attractiveness Stereotype in a Personal Selling Setting, in: Journal of Consumer Psychology, Vol. 2, No. 1, pp. 25-38.

Rickenberg, Raoul; Reeves, Byron (2000): The Effects of Animated Characters on Anxiety, Task Performance, and Evaluations of User Interfaces, Conference on Human Factors in Computing Systems: Proceedings of the SIGCHI conference on Human factors in computing systems, pp. 49-56.

Ringle, Christian M. (2004a): Gütemaße für den Partial Least Squares-Ansatz zur Bestimmung von Kausalmodellen, Arbeitspapier Nr. 16, Universität Hamburg.

Ringle, Christian M. (2004b): Messung von Kausalmodellen. Ein Methodenvergleich, Arbeitspapier Nr. 14, Universität Hamburg.

Ringle, Christian M.; Boysen, Nils; Wende, Sven; Will, Alexander (2006): Messung von Kausalmodellen mit dem Partial-Least-Squares-Verfahren, in: Das Wirtschaftsstudium (WISU), Nr. 1, S. 81-88.

Rosenbaum, Oliver (2000): PC/EDV-Lexikon, Berlin, Offenbach.

Russell, Cristel A.; Stern, Barbara B. (2006): Consumers, Characters and Products: A Balance Model of Sitcom Product Placements Effects, in: Journal of Advertising, Vol. 35, No. 1, pp. 7-21.

Samuelsen, Peter (2003): Die Bedeutung von natürlichsprachlichen Dialogsystemen im Internet-Business, in: Lindner, Christian (Hrsg.): Avatare: Digitale Sprecher für Business und Marketing, Berlin, Heidelberg, S. 27-36.

Schmidt, Artur P. (1998): E-CYAS, E_ndo-CY_bernetic A_rtificial S_tar im Internet, http://www.heise.de/bin/tp/issue/r4/dlartkel2.cgi?artikelnr=2367&zeilenlaenge=72&mode=html, letzter Abruf: 14.5.2008.

Schwarze, Jochen (2001): Grundlagen der Statistik I: Beschreibende Verfahren, 9. Auflage, Herne, Berlin.

Shieber, Stuart M. (1993): Lessons from a Restricted Turing Test, http://www.eecs.harvard.edu/shieber/Biblio/Papers/loebner-rev-html/loebner-rev-html.html, letzter Abruf: 10.6.2008.

Sicilia, Maria; Ruiz, Salvator; Munuera, Jose L. (2005): Effects of Interactivity in a Web Site, The Moderating Effect of Need for Cognition, in: Journal of Advertising, Vol. 34, No. 3, pp. 31–45.

Silbermann, Steffen; Töpfer, Armin (2008): Theoretische Grundlagen und Wirkungszusammenhänge der Kundenbindung im Internet – Wie lässt sich Kundenbindung im Internet erklären und gestalten?, in: Töpfer, Armin (Hrsg.): Handbuch Kundenmanagement: Anforderungen, Prozesse, Zufriedenheit, Bindung und Wert von Kunden, 3. vollständig und überarbeitete und erweiterte Auflage, Berlin, Heidelberg, S. 105-132.

Sirgy, Joseph M.; Grewal, Dhruv; Mangleburg, Tamara F.; Park, Jae-Ok; Chon, Kye-Sung; Claibone, C. B.; Johar, J. S.; Berkman, Harold (1997): Assessing the Predictive Validity of Two Methods of Measuring Self-Image Congruence, in: Journal of Academy of Marketing Science, Vol. 25, No. 3, pp. 229-241.

Smith, Brock J. (1998): Buyer–Seller Relationships: Similarity, Relationship Management, and Quality, in: Psychology & Marketing, Vol. 15, No. 1, pp. 3-21.

Sproull, Lee; Subramani, Mani R.; Kiesler, Sara; Walker, Janet H.; Waters, Keith (1996): When the Interface is a face, in: Human-Computer Interaction, Vol. 11, No. 2, pp. 97-124.

Statistisches Bundesamt (2006): Wirtschaftsrechnungen - Private Haushalte in der Informationsgesellschaft -Nutzung von Informations- und Kommunikationstechnologien (IKT), Fachserie 15, Reihe 4, S. 4-51.

Steuer, Jonathan (1993): Defining Virtual Reality: Dimensions Determining Telepresence, http://www.presence-research.org/papers/steuer92defining.pdf, letzter Abruf: 5.6.2008.

Stricker, Alexander (2003): Darf's ein bißchen menschlicher sein? – Virtuelle Charaktere am Point of Sale, in: Lindner, Christian (Hrsg.): Avatare: Digitale Sprecher für Business und Marketing, Berlin, Heidelberg, S. 169-184.

Suchmann, Lucy A. (1987): Plans and situated actions: The problem of human-machine communication, Cambridge.

Takeuchi, Akikazu; Naito, Taketo (1995): Situated Facial Displays: Towards Social Interation, http://portal.acm.org/citation.cfm?id=223965&coll=GUIDE&dl=GUIDE&CFID=70213193&CFTOKEN=85897695&ret=1#Fulltext, letzter Abruf: 28.5.2008.

Taylor, Steven A.; Baker, Thomas L. (1994): An Assessment of the Relationship between Service Quality and Customer Satisfaction in the Formation of Consumers' Purchase Intentions, in: Journal of Retailing, Vol. 70. No. 2, pp. 163-178.

Trevino, Linda K.; Webster, Jane (1992): Flow in Computer-Mediated Communication: Electronic Mail and Voice Mail Evaluation and Impacts, in: Communication Research, Vol. 19; No. 5, pp. 539-573.

Trommsdorff, Volker; Götze, Franziska; Herm, Steffen (2006): Konsumentenvertrauen und Marken, in: Das Wirtschaftsstudium, Vol. 35, Nr. 10, S. 1264-1270.

Turing, Alan (1950): Computing Machinery and Intelligence, http://www.loebner.net/Prizef/TuringArticle.html, letzter Abruf: 14.5.2008.

Turkle, Sherry (1998): Leben im Netz: Identität in Zeiten des Internets, Reinbeck bei Hamburg.

Van Kleef, Gerben A.; De Dreu, Carsten K.W.; Manstead, Antony S. R. (2001): The Interpersonal Effects of Anger and Happiness on Negotiation Behavior and Outcomes, http://papers.ssrn.com/sol3/papers.cfm?abstract_id=305070#PaperDownload, letzter Abruf: 12.3.2008.

Vetter, Michael (2003): „Ich habe ihre Eingabe leider nicht verstanden" - Qualitätskriterien für Online-Tests von Bots, in: Lindner, Christian (Hrsg.): Avatare: Digitale Sprecher für Marketing und Business, Berlin, Heidelberg, S. 83-92.

VuMA (2008): Verbraucher- und Medienanalyse, http://www.vuma.de/pdf/2008_ basisauswertung.pdf, letzter Abruf: 24.4.2008.

Walker, Janet H.; Sproull, Lee; Subramani, Mani R. (1994): Using a human face in an interface, Conference on Human Factors in Computing Systems: Proceedings of the SIGCHI conference on Human factors in computing systems: celebrating interdependence, pp. 85-91.

Wang, Liz C.; Baker, Julie; Wagner, Judy A.; Wakefield, Kirk (2007): Can a Retail Web Site Be Social?, in: Journal of Marketing, Vol. 71, No. 3, pp. 143-157.

Weizenbaum, Joseph (1994): Die Macht von Computern und die Ohnmacht der Vernunft, 9. Auflage, Frankfurt/Main.

Weymann, Ansgar (2001): Interaktion, Sozialstruktur und Gesellschaft, in: Joas, Hans (Hrsg.): Lehrbuch der Soziologie, Frankfurt/Main, S. 93-121.

Williamson, Oliver E. (1993): Calculativeness, Trust, and Economic Organization, in: Journal of Law and Economics, Vol. 36, No. 1, pp. 453-486.

Woodside, Arch G.; Davenport, William J. (1974): The Effect of Salesman Similarity and Expertise on Consumer Purchasing Behavior, in: Journal of Marketing Research, Vol. 11, No. 2, pp. 198-202.

Wu, Guohua (2006): Conceptualizing and Measuring the Perceived Interactivity of Websites, in: Journal of Current Issues and Research in Advertising, Vol. 28, No. 1, pp. 87-104.

Wünschmann, Stefan; Müller, Stefan (2005): Erfolgreich Markenvertrauen aufbauen, http://www.absatzwirtschaft.de/pdf/sf/mueller.pdf, letzter Abruf: 30.5.2008.

Zajonc, Robert B. (1965): Social Facilitation: A solution is suggested for an old unresolved social psychological problem, in: Science, Vol. 149, pp. 269-274.

Zaichkowsky, Judith L. (1985): Measuring the Involvement Construct, in: The Journal of Consumer Research, Vol. 12, No. 3, pp. 341-352.

Zaichkowsky, Judith L. (1994): Research Notes: The Personal Involvement Inventory: Reduction, Revision, and Application to Advertising, in: Journal of Advertising, Vol. 23, No. 4, pp. 59-70.

Zanbaka, Catherine Amine (2007): Examining direct and indirect social influence with virtual characters, Dissertation, The University of North Carolina at Charlotte, https://e-scholar.uncc.edu/dspace/bitstream/2029/89/1/umi-uncc-1053.pdf, letzter Abruf: 20.5.2008.

Zuckerman, Marvin (1994): Behavioral expressions and biosocial bases of sensation seeking, Cambrigde u.a.

Elektronische Quellen

Bausparkasse Schwäbisch-Hall,
http://www.schwaebisch-hall.de/, letzter Abruf: 16.5.2008.

Bücherhallen Hamburg,
http://www.buecherhallen.de/aw/~a/home/, letzter Abruf: 5.6.2008.

Bundesministerium für Gesundheit,
http://www.die-gesundheitsreform.de/index.html, letzter Abruf: 5.6.2008.

Bundesministerium für Wirtschaft und Technologie,
http://www.bmwi.de/BMWi/Navigation/ausbildung-und-beruf.html, letzter Abruf: 5.6.2008.

Der Club,
www.derclub.de, letzter Abruf: 5.6.2008.

Fanhomepage Eve,
http://www.all-about-eve.net/, letzter Abruf: 16.5.2008.

Home Page of The Loebner Prize in Artificial Intelligence,
http://www.loebner.net/Prizef/loebnerprize.html, letzter Abruf: 29.5.2008.

Karriereseite Bundeswehr,
http://mil.bundeswehr-karriere.de/, letzter Abruf: 5.6.2008.

Shopping 24,
http://www.shopping24.de/home/, letzter Abruf: 16.5.2008.

Staats- und Universitätsbibliothek Hamburg,
http://www.sub.uni-hamburg.de/, letzter Abruf: 5.6.2008.

Yello GmbH,
http://www.yellostrom.de/, letzter Abruf: 20.5.2008.

Zabawane Inc.,
http://zabaware.com/loebner.html, letzter Abruf: 29.5.2008.

MARKETING

Herausgegeben von Prof. Dr. Heribert Gierl, Augsburg, Prof. Dr. Roland Helm, Regensburg, Prof. Dr. Frank Huber, Mainz, und Prof. Dr. Henrik Sattler, Hamburg

Band 10
Heribert Gierl
Übungsaufgaben Marketing
6., neubearbeitete Auflage
Lohmar – Köln 2011 • 400 S. • € 29,- (D) • ISBN 978-3-8441-0083-9

Band 51
Jan Kirenz
Linking Consumer Mindset Metrics to Consumer Behavior and Capital Market Valuation
Lohmar – Köln 2010 • 152 S. • € 47,- (D) • ISBN 978-3-89936-928-1

Band 52
Jasna Cudic
Produkthaltbarkeit im strategischen Marketing – Eine empirische Analyse
Lohmar – Köln 2011 • 228 S. • € 55,- (D) • ISBN 978-3-8441-0025-9

Band 53
Lisa Eckardt
Designsprünge als Instrument des Marketings – Eine empirische Analyse der Determinanten und Erfolgsauswirkungen
Lohmar – Köln 2011 • 356 S. • € 64,- (D) • ISBN 978-3-8441-0082-2

Band 54
Frank Huber, Svenja Krönung, Frederik Meyer und Stefan Vollmann
Akzeptanz von Bewertungsportalen als Basis von Electronic Word-of-Mouth – Eine empirische Studie zur interpersonellen Kommunikation im Web 2.0
Lohmar – Köln 2011 • 124 S. • € 42,- (D) • ISBN 978-3-8441-0097-6

Band 55
Frank Huber, Frederik Meyer und Ute Stickdorn
Online-Avatare zur Steigerung der Markenloyalität – Eine empirische Analyse am Beispiel der Marke IKEA
Lohmar – Köln 2011 • 128 S. • € 42,- (D) • ISBN 978-3-8441-0114-0